国学经典｜典藏版

菜根谭

〔明〕洪应明 著

毛德富 毛 曼 注译

中州古籍出版社
·郑州·

图书在版编目(CIP)数据

菜根谭 /(明)洪应明著；毛德富，毛曼注译. —郑州：中州古籍出版社，2023.11

(国学经典：典藏版)

ISBN 978-7-5738-0995-7

Ⅰ.①菜… Ⅱ.①洪…②毛…③毛… Ⅲ.①《菜根谭》-注释②《菜根谭》-译文 Ⅳ.① B825

中国国家版本馆 CIP 数据核字(2023)第 212623 号

CAIGEN TAN

菜根谭

责任编辑　董祐君
责任校对　刘丽佳
美术编辑　曾晶晶

出 版 社	中州古籍出版社（地址：郑州市郑东新区祥盛街27号6层　邮编：450016　电话：0371-65723280）
发行单位	河南省新华书店发行集团有限公司
承印单位	郑州印之星印务有限公司
开　　本	640 mm×960 mm　1/16
印　　张	11.5
字　　数	150千字
印　　数	1—2000 册
版　　次	2023年11月第1版
印　　次	2023年11月第1次印刷
定　　价	40.00元

本书如有印装质量问题，请联系出版社调换。

前 言

春天,草长花飞,莺啼燕舞,春色撩人,爱意盎然;是花的季节,情的海洋,是少年的天下。

夏天,烈日炎炎,酷暑浓浓,麦随风熟,梅逐雨黄;五月山雨热,三峰火云蒸;热情似火,感情如灼,是青年的性格。

秋天,杪杪秋声,山山寒色,中秋重阳,月圆花好;金秋十月,收获季节,是中年的标志。

冬天,雨雪瀌瀌,见晛日消,寒风摧木,严霜逼人,阴气积郁,愁颜鲜欢;冬日苦短,冥思时长,是老年的结局。

四时行焉,百物生焉,天何言哉!

青年人喜欢文学,老年人喜欢哲学;青年人是诗,老年人是散文;青年人瞻望未来,老年人回眸过去;青年人干,老年人说;青年人在干中吸取教训,老年人在说时总结经验;青年人建功立业,老年人无过是功。……五千年文明古国,有识之士大声疾呼:少年中国,凤凰涅槃。

窃以为,《老子》讲的是人与自然和谐共处的哲学;《论语》论的是执政兴国、甲乙丙丁的政治;《颜氏家训》道的是齐家治室、教子家训的龟鉴;而《菜根谭》则说的是个人修身养性、处世哲学的智慧。四个层次的哲学、四个方面的智慧,各有其用,互为补充,运用之妙，存乎一心。

以上便是我在读了《菜根谭》后，由此引发的一些感悟和琐碎杂想，姑且算作是前言的"题记"吧。

一

绵绵几千年，不知有多少圣贤哲人一次又一次地幻想和构建着人类生存智慧与处世哲学的理想模式，又不知有多少宿学硕儒在理想与现实的冲突中为寻求一条平衡木而困惑烦恼。

在中国，预言"怎样做人"、"怎样处理人际关系"才算明哲保身者可谓汗牛充栋，然而，明白告诉人们"应该这样"才是人生的最佳选择者却如吉光片羽。

当我们回首检索中国人的人生态度与生活走向的文化要素时，当我们审视体味中国人的生存智慧和人格模式的历史形成时，不禁"别有一番滋味在心头"……

当我们背靠悠长的文化传统，面向物竞天择、适者生存的未来，当我们跻身于东西文化碰撞、天下愈加狭小的物理空间与心理空间时，不由得慨然长吟："当年不肯嫁春风，无端却被秋风误。"

二

中国传统的生存智慧和处世哲学作为传统文化的有机组成部分，同传统文化一样有一个发展、融合、形成的过程。

儒、释、道早期确曾有过三教鼎立、互相攻讦的不愉快的过去。宋明以降，三教握手言和，成为如陆、海、空联合作战的三支友军，既分工又配合地把持着人们精神世界中的"陆、海、空"。如果说儒家的人生哲学是强调个体与社会秩序的统一，注重人际关系的和谐，鼓励"天行健，君子以自强不息"、"知其不可为而为之"的入世精神，那么，道家的人生哲学是强调个体与自然相适协调，注重自然生命的"顺天从性",宣扬做人"无为而无不为",实即知其可为而不为,或者改头换面叫"知其不可奈何而安之若命,德之至也"(《庄子·人间世》)。佛教的人生哲学是强调个体对现世的逃遁,对来世的向往,在摆脱此岸的苦难,达到彼岸的幸福途中,必须禁欲、忍辱、无争、色空。

儒、释、道由同室操戈到三教合流,从同行冤家到联袂结姻,谁说中国人只会钩心斗角、内战内耗?三教组成联合政府统治人们的精神世界是如此稳固、深入,便是明证。憨山禅师有云:

> 为学有三要:所谓不知春秋,不能涉世;不精老庄,不能忘世;不参禅,不能出世。此三者,经世、出世之学备矣。缺一则偏,缺二则隘,三者无一而称人者,则肖之而已。

儒、释、道三家联营生产的一整套具有东方文明特色的人生哲学是一种建构在人际情感关系基础之上的处世哲学,它与西方文明建构在个人主义竞争的物质关系之上不同。中国古人的人生哲学有两个内容组成,即藏与用,穷与达;入世与出世,进取与退隐;杀身成仁与保全天年,兼济天下与独善其身。无论是前者或后者都要仁爱不争,与道合一,所谓忘怀得失,荣辱不惊是也。这是地位尊、修养高的人的追求,作为小民百姓同样需要向贤者看齐。具体做起来该怎么办?退让第一,忍受第一,克制第一,无为第一。

三

西方著名的未来学研究团体罗马俱乐部在它的第一份研究报告中就明确指出:

> 人必须探索他自己——他的目标和价值——就像他力求改变这个世界一样。献身于这两项任务必然是无止境的。因此,问题的关键,不仅在于人类是否会生存,更重要的问题在于人类能否避免陷入毫无价值的状态中生存(着重号为笔者所加)。

不难看出，西方人不仅讲究生存智慧，而且还注重有效的生存价值；不仅讲究个体的生存智慧，而且更注重民族的、国家的生存智慧的探求，并且鼓励、提倡、宽容、理解多姿多彩的处世风格和领新标异的人生探索。

于是有克洛德·西蒙的"尝试人生"派，有海明威的"拳击生活"派，有马斯洛的"恬然自发、天然情真"派……

形形色色，各领风骚，虽与中华民族的处世哲学迥异，但二者注重生存智慧的本质则同。

人生哲学作为人类"探索他自己"的精神重镇，从古至今，从中到外无不备受青睐。被美国未来学家阿尔温·托夫勒比喻为"第800个人生"[1]的今天的生存智慧和人生哲学，绝不是人类文明史的断裂，也不是横空出世的"天书"，它应是人类智慧之果的升华，人类文明进程的又一次"接力赛"。正是从这个意义上，笔者愿意向读者诸君推荐本书——《菜根谭》。在下无意提倡复古、尊古，只是如上所述的认为，现代人的生存智慧和处世哲学必须是民族精魂之美的升华和优化。因为任何身处日新月异之科技革命的当代，心恋"采菊东篱下，悠然见南山"的隐居生活的人，都无异于拒绝与生活合作，甘愿接受生存价值的沦丧。所以，尽管笔者推荐《菜根谭》，但绝不要求诸君死搬教条，食古不化。道理很简单：似乎任何一个民族以往的历史、经验，都不曾为容纳今天某种陌生的或新生的文明而从容地做好心理准备与物质条件的准备。

四

以语录体名世的修身处世的书籍，在宋、明最盛，《菜根谭》不仅是其中的佼佼者，而且像一朵永不凋谢的花，至今仍芬芳东瀛，并在那里掀起一场与《孙子兵法》、《三国演义》同样的热潮。据说在日本企业界还获得了较好的社会效益和经济效益。至于本书是怎样

"由精神变物质"的，这里暂且不提，还是先介绍一下《菜根谭》的主要内容吧！

《菜根谭》的内容共分五部分："修省"、"应酬"、"评议"、"闲适"、"概论"。清人三山病夫通理在序文中转引不翁老人对本书的概括，说：

> 其间有持身语，有涉世语，有隐逸语，有显达语，有迁善语，有介节语，有仁语，有义语，有禅语，有趣语，有学道语，有见道语，词约意明，文简理诣。设能熟习沉玩而励行之，其于语默动静之间，穷通得失之际，可以补过，可以进德，且近于律，亦近于道矣。

明白道出这是一部融合儒、释、道三家人生哲学的修身养性、为人处世的书。

五

日本企业界学习本书的成功经验说明了什么？它将引发我们作何思考？

当黄河、长江以她甜美的乳汁哺育出中华古代灿烂辉煌的文化之时，泰晤士河、莱茵河和密西西比河上的"土著"人正生活在黑暗的原始森林之中，视中国为上邦。曾几何时，西方文艺复兴的春风不仅吹绿了新大陆，也孕育出生产革命的果实，然后用坚船利炮轰开了中国封闭的大门，中国这头"沉睡的雄狮"被迫睁开眼睛看世界。

1840年鸦片战争的失败促使一代又一代先进的中国人从西方国家寻找真理，寻求强国富民之路。从文化角度讲，一个半世纪以来，中国经历了三个中西文化碰撞的高潮，而每一次文化碰撞中都不乏主张全盘西化的人，认为中国落伍的主要原因是灿烂的传统文化成了当代人前进的包袱，只有彻底否定和摒弃传统文化，才能轻装前进，迎头赶上世界大潮。

问题是否如此简单，姑且不论。笔者想提请"挖祖坟"者注意：日本传统文化中大部分源于中国文化，连造字都半假借于中华，但并未妨碍日本经济的繁盛。当然，某一国家经济的盛衰有着非常复杂的历史的与现实的、政治的与经济的、国际的与国内的、文化的与教育的原因，但日本的发展强盛与对传统文化的继承密切相关也是事实。这就提出对传统文化有个怎么对待的问题，窃以为鲁迅先生的"拿来主义"观点仍然值得重视：对其"或使用，或存放，或毁灭"。鸦片本是毒品，"只送到药房里去，以供治病之用"，便会成为贵重的药品。

同样是一部《三国演义》，在中国仅仅作为文学作品，老是围绕着虚实、正统问题纠缠不清。因书中尊刘抑曹之倾向，几乎惹了众怒，大有把罗贯中批倒批臭之势，在日本却成了企业经营管理的法宝。同是一部《菜根谭》，在中国默默无闻，在日本倒成了包括企业管理、用人制度、商品销售乃至企业家自身修养等学问的企业经营之书。当然见仁见智，本是自然；有一百个观众就有一百个哈姆雷特，也是常态，但从我们的仅止于批判、日本的善于吸收的对比中，我们是否可扪心自问一下孰是孰非！另外，日本民族的善于吸收本身不正表明了传统文化遗产并非全是糟粕只能遗弃，而还有许多精华需要我们去发掘、开采，成为激发我们民族自信心和自豪感的形象生动的教材，真正做到"古为今用"吗！

六

真理向前跨进一步就是谬误。显然，谬误就是合理性的绝对化或真理的过"度"。

适度作为一种处世哲学和人生态度，最讨厌把什么都"神化"或"丑化"，使之变形，失去本来合理的内涵。

适度最喜欢继承合理的内核，剔除无用的糟粕。她认为："柔弱"并非一定是懦弱,"无为"并非一切均不为,"退一步"并非就是一味退让,"圆融"并非就是圆滑……

她认为,与人为善和乐于奉献是双胞胎,即使在今天仍是美丽心灵的外在表现,是精神文明的一种写照,是净化人伦环境、净化人格秀质和美好情感的珍贵美德。

她认为,美的品格、美的心灵是创造和谐的人际关系,弹奏美妙的人生乐章的前提条件。

譬如本书讲"士君子济人利物,宜居其实,不宜居其名,居其名则德损;士大夫忧国为民,当有其心,不当有其语,有其语则毁来"。施德惠民本属"德不孤,必有邻"、"得道多助,失道寡助"的古训。为积德求道,不仅施恩不图报,而且助人不留名。这种修省做人的追求,在今天的两个文明建设中,不也是需要大力提倡的吗?

又如:"我果为洪炉大冶,何患顽金钝铁之不可陶熔;我果为巨海长江,何患横流污渎之不能容纳。"做人的雅量与对人的恕道,在今天仍然是需要的。那些"美国真美"的崇拜者,一定熟悉林肯那句处世名言了:

> 如果我试图把攻击我的所有的言论都看一遍,更不用说给予回答,那么这家店铺就干脆不如关门大吉。

两者精神上的一致与相通是不言而喻的。如果说后者表现了林肯做人的自信与豪爽,那么,前者则无疑表现了国人做人的雅量与宽容。

适度不食古不化,不死搬教条,讲求不同时代有不同的处世哲学:"处治世宜方,处乱世当圆,处叔季之世,当方圆并用。"这又不是简单的滑头哲学,而是人生经验的总结。若是不看时代,不问环境地一味泥古,只能碰壁。例如"安贫乐道"的处世哲学,在人吃人的社会和污秽的世界中,只能是拖着长长的历史阴影,令人痛苦,令人如阿Q般麻醉;若在平等竞争的社会和健康向上的时代,安贫乐道的背后却可以站着执着追求、乐于奉献的精神巨人，更加令人敬仰，令人进取。

欲和时代同步的人，就必须拥有时代的生存智慧和把握时代的人生路向的才能。

让我们背对历史——传统文化遗产，面向未来——创造中华民族新文化，脚踏着生存智慧的音符，放声高唱"雄狮醒来歌"！

七

我们讲传统文化在今天有个怎么对待的问题，并不是说它不能被否定和扬弃。正如关于生存智慧和人生哲学，千百年来也不知有多少人开过多少个处世良方，但都没有十全大补的功效，更不会有一个永不失效而又放之四海皆灵的方子。古人的悲剧正是过分依赖一个处世方子而泥古不变。千百年来，令人们陶醉在虚幻的桃花源中，自己贫穷饥寒，反深为能达无欲无求、安贫乐道之境而怡然欢欣。结果却正是内省无求的人格妨碍了中国人的全面发展，阻止了全社会向现代化迈进的步伐！正如马克思、恩格斯讲的那样：

> 人们的观念、观点和概念，一句话，人们的意识，随着人们的生活条件、人们的社会关系、人们的社会存在的改变而改变，这难道需要经过深思才能了解吗？

独特的自然环境、悠久的文化传统、复杂的社会关系和稳固的政治体制构成了中国人自己的生存状态和处世哲学。当历史的时针正指向21世纪的光辉时刻，古老的华夏民族不可避免地在经受一场空前而又全面的严峻挑战，传统的生存状态和处世哲学当然也面临着新的转换改造。

当今，信息和新技术革命的飞速发展，使人类日益感到世界真小，正准备乘坐宇宙飞船，走出"地球村"。中华民族不仅要摆脱"开除球籍"的困境，而且要在21世纪掌握各种挑战的主动权，就必须告别"无为"、"无欲"、"仁爱不争"的人生哲学和生活方式,好汉不提当年勇,在"地球村"中再也不能像阿Q那样安慰自己和炫耀祖宗了。我们再也不能有意无意地丧失中华腾飞的历史契机,无论是个人的人生态度、处世哲学,或者是民族的生存智慧、文化"路向",在"忧患意识"、"危机意识"的内动力驱使下,要创造性地转换中华民族独特的生存智慧和文化"路向",主动迎接新世纪的挑战,真正体面而潇洒地生存于世界民族之林!

有人曾这样描绘创造性地转换我们民族的生存智慧的过程及美好前景:

让心灵迎着新世纪欢笑。

这是以潇洒的生存姿态告别传统痼疾的尝试,这是将渗透着"知足者常乐"的生存智慧纳入"不知足者常新"的生存智慧的预演。让心灵迎着新世纪欢笑,意味着我们将以尽可能利索的人生姿态,抛却痛苦而沉重的历史负担,轻装、愉快地面向生活,面向世界,面向未来。②

八

最后交代一下本书注、译的一些情况:本书根据光绪十三年(1887)扬州藏经禅院重刻本进行注释、翻译。此重刻本在民国初年有刊印本,并有傅连暲的序,傅序作为附录附后。考虑到广大读者的要求,注、译以通俗易懂为原则。为了意思的完整通畅,翻译时并不严格按原文的对仗或秩序,有时甚至加衬或铺垫,这样或许非严肃的学者所愿为,但这是为广大读者着想的。知我罪我,自有读者明鉴。

全书的注、译由我和毛曼同志共同完成,最后由我统一全稿。

毛德富

1990年5月28日于扶亭书屋

补记:本书原于1991年出版。此次应中州古籍出版社之邀,作者对该书又进行了重新修订。纠正了某些原文、注释、译文中的错误，对某些段落又重新予以翻译。

毛德富
2003 年 6 月

①详见阿尔温·托夫勒《未来的冲击》。他把大约 5 万年的人类历史，以 62 年作为一个人生，划分为大约 800 个人生。当代生存的人们便是处在第 800 个人生代中，当然，这只是对当代人生的近似值的划分。

②金马：《生存智慧论》第一章，第 6 页。

目 录

修省 ·· 1
应酬 ·· 17
评议 ·· 39
闲适 ·· 61
概论 ·· 82
附录 ·· 163
　重刻《菜根谭》原序 ───────── 三山病夫通理 163
　序 ──────────────────── 傅连暲 164
　后记 ·· 166

修 省

欲做精金美玉的人品,定从烈火中锻来;思立掀天揭地的事功,须向①薄冰上履过②。

[注释]

①向:从,到。②履过:走过。典见《诗经·小雅·小旻》:"如临深渊,如履薄冰。"比喻经过危险境地必须小心谨慎。

[译文]

要想培养纯洁完美的品德,一定要经过烈火锻炼般的考验;要想建立惊天动地的功业,也必须经过危险境地的磨难。

一念错,便觉百行皆非,防止当如渡海浮囊①,勿容一针之罅漏②;万善全,始得一生无愧,修之当如凌云宝树③,须假众木以撑持。

[注释]

①渡海浮囊:古时用牛皮或羊皮制成气囊,为渡海人防溺所带,与如今的救生圈功用相同。②罅(xià)漏:缝隙,漏洞。罅,瓦器的裂缝。③凌云宝树:出自佛经《无量寿经》,西方佛地的宝树。

[译文]

一念之差办错了事,就会使人感到你好像所有的行为都有过失,所以要谨慎提防,就像渡海人携带的气囊一样,容不得针尖大的一点裂缝；随时随地存善念做好事，才能使一生无愧无悔，所以，修身就像西方佛地的凌云宝树要靠众多的林木扶持一样，必须有众多的善事累积。

忙处事为，常向闲中先检点，过举自稀；动时念想，预从静里密操持①，非心自息。

[注释]

①操持：演习，运用。

[译文]

忙碌的时候做事情，要经常在闲的时候就先检点一下，过分的举动自然就会少一些；行动之时的打算，要预先静下心来严密思考一番，这样，一些不切实际的非分之想自然也就不会产生了。

为善而欲自高胜人，施恩而欲要名结好，修业而欲惊世骇俗，植节而欲标异见奇，此皆是善念中戈矛，理路①上荆棘，最易夹带，最难拔者也。须是涤尽渣滓，斩绝萌芽，才见本来真体②。

[注释]

①理路：通向天理之路。②真体：真实的本体，此指真心、真性。

[译文]

做好事的目的是炫耀自己，压倒别人，施恩惠给旁人是为了打名声拉势力，干事业一心想出人头地，树立做人操守的目的是想标新立异，这些都是通向行善思想境界中的障碍，理性道路上的荆棘，最容易混合在健康的思想中，也是最难去除掉的。必须要彻底扫除杂念，铲除滋生这些思想的土壤和萌芽，才能恢复人的善良本性。

虽能轻富贵,不能轻一轻富贵之心;虽然能重名和义,又复重一重名和义之念,是事境之尘氛①未扫,而心境之芥蒂②未忘。此处拔除不净,恐石去而草复生矣。

[注释]

①尘氛:人世间的污浊之气。②芥蒂:小梗塞物,比喻心中的嫌隙或不快,这里指种种欲念。

[译文]

虽能轻视富贵,但图慕富贵之心一点也没有减弱;虽然能够看重名和义,反过来又把名和义看得太重,这些都是因为日常所沾染上的人世间的污浊之气没有打扫干净,心底深处的种种欲念还未清除的缘故。如果这些扫除得不干净,恐怕就像整地一样,虽然把石头拣去了,但杂草又长了出来,还是不行啊!

纷扰固溺志①之场,而枯寂亦槁心②之地。故学者当栖心玄默③,以宁吾真体;亦当适志恬愉④,以养吾圆机⑤。

[注释]

①溺志:心志沉湎于其中。②枯寂亦槁心:枯寂,枯燥寂寞。槁心,使心如枯木。槁,干枯。③栖心玄默:栖心,指收心。栖,鸟类止息,泛指停留、居住。玄默,沉默寡言。④恬愉:安逸快乐。⑤圆机:圆融之机,此处指心体。

[译文]

纷杂嘈乱的环境固然是消磨意志的场所,而过分枯燥寂寞的环境也是使人心如枯木的原因。所以,做学问的人,一方面应当安下心来,沉默寡言,以安定自己的本性;另一方面也可适度地顺应自己的天性和内心的渴望,愉悦一下自己的心志,以使自己的本性更为丰满、圆融和完整。

昨日之非不可留,留之则根烬复萌,而尘情①尽累乎理趣②;今日之是不可执③,执之则渣滓未化,而理趣反转为欲根④。

[注释]

①尘情：犹言凡心俗情。②理趣：义理情趣。③执：执着，自以为是因而变得固执。④欲根：欲念的根子。

[译文]

纠正以前的过错要彻底，一点也不能保留，如改正不彻底就有可能死灰复燃，这样，世俗的观念最终就会影响到对义理情趣的追求；今天成功了也不能故步自封，如果自是而固执，就会走向反面，义理情趣反而转变成为欲念的劣根。

无事便思有闲杂念想否，有事便思有粗浮意气否，得意便思有骄矜辞色否，失意便思有怨望情怀否。时时检点，到得从多入少，从有入无处，才是学问的真消息①。

[注释]

①消息：机关上的枢纽，引申为关键。

[译文]

为人处世，闲的时候要检查一下有没有闲杂欲念，忙的时候要检查一下有没有粗浅浮漂的地方，成功时要检查一下有没有骄傲自负的言辞，不得志时要检查一下有没有怨恨和失望的情绪。这样时时检点自己，达到使杂念从多到少，从有到无的境界，才是人生学问的真正关键所在。

士人有百折不回之真心，才有万变不穷之妙用。

[译文]

读书人有了百折不回、不畏一切艰难险阻的意志，才能产生出无穷无尽的聪明才智来。

立业建功，事事要从实地著脚①，若少慕声闻②，便成伪果③；讲道修德，念念要从虚处立基，若稍计功效，便落尘情。

[注释]

①著脚：即落脚。著，通"着"。②声闻：即名声、名誉。③伪果：有名无实之果。

[译文]

要想成就事业，每做一件事都要脚踏实地，假如稍微贪图名誉，就会成为有名无实之果；要想磨炼心性、道德完美，时时刻刻都要立足高远，意坚志洁，假如稍微有急功近利追求功效的念头，就会落入世俗之中去。

身不宜忙，而忙于闲暇之时，亦可警惕惰气；心不可放①，而放于收摄之后，亦可鼓畅天机②。

[注释]

①心不可放：放，放纵、放荡。见《孟子·滕文公下》："汤居亳，与葛为邻，葛伯放而不祀。"放心，放纵之心。见《尚书·毕命》："虽收放心，闲之惟艰。"古人讲做人处事，修身养性，常常要求"收放心"。②鼓畅天机：使纯正的本性因受到激发而遂其所适。鼓畅，激发它而使它顺遂其性。天机，人的天赋本性。

[译文]

人不宜太忙，但在闲暇时适当找些事情做做，就可以防止滋长惰性；（也不能太闲，因为）心性不可太放纵，但在长期紧张之后适当放松一下，也可以使纯正的本性因受到激发而遂其所适。

钟鼓体虚，为声闻而招击撞；麋鹿性逸①，因豢养而受羁縻②。可见名为招祸之本，欲乃散志之媒，学者不可不力为扫除也。

[注释]

①逸：奔跑，引申为放纵。②羁縻（mí）：指牵系、束缚，使之不得自由。縻，牛缰绳。

[译文]

钟和鼓内中空虚，因为能发出声响而招致撞击；麋鹿生性喜欢放纵奔跑，因而人们在豢养它时就要上缰绳来束缚它。由此可见名这个东西实在是招惹祸端的根子，欲望是松散志向的媒介，做学问的人不能不尽力戒除它们。

一念常惺^①，才避去神弓鬼矢；纤尘不染，方解开地网天罗。

[注释]

①一念常惺：即整个心体经常保持清醒。惺，清醒。

[译文]

每一个念头保持清醒，才能躲开人世间好恶小人的明枪暗箭；一尘不染，远离世俗，才能躲开各种设计、陷阱，逢凶化吉。

一点不忍的念头，是生民生物^①之根芽；一段不为的气节，是撑天撑地之柱石。故君子于一虫一蚁，不忍伤残；一缕一丝，勿容贪冒^②，便可为民物立命，为天地立心矣^③。

[注释]

①生民生物：使人民安居乐业，使生物顺利生长。②贪冒：即贪图财利。冒，也是贪的意思。③为民物立命，为天地立心：北宋学者张载认为，人为天地之心，人性为天地之主导。学者的任务在于存心养性，阐明义理，扶植纲常，以合乎天地之心，此即所谓天地立心。让举世之人，均能明义理，守纲常，以顺乎天地之心，此即所谓为民物立命。

[译文]

一点小东西也不忍毁坏的念头，是使人民安居乐业的思想基础；一点亏心事也不做的气节，是顶天立地的君子品行。所以作为君子，即使是一只虫蚁，也不忍心去伤害它；一条丝一根线的好处，也不去贪占。只有这样的人，才能明义理，守纲常，为万物造福、为百姓立命、为天地建立准则。

拨开世上尘氛,胸中自无火炎冰兢①;消却心中鄙吝②,眼前时有月到风来。

[注释]

①火炎:火烧。冰兢:表示恐惧、谨慎之意。典见《诗经·小雅·小旻》:"战战兢兢,如临深渊,如履薄冰。"②鄙吝:浅俗、计较得失之念。

[译文]

冲破世上尘俗观念的包围,心中自然就不会有像火烧一般的焦灼、如履薄冰一般的恐惧的苦痛感觉,能始终保持平静;清除了心里的庸俗浅薄和计较得失,就会觉得天宽地广,时时犹如处于清风明月中的恬静惬意之境。

学者动静殊操①,喧寂异趣,还是锻炼未熟、心神混淆故耳。须是操存②涵养,定云止水中有鸢飞鱼跃③的景象,风狂雨骤处有波恬浪静的风光,才见处一化齐④之妙。

[注释]

①殊操:操行不同。殊,不同。操,志向、品行。②操存:执持心志,不使丧失。语见《孟子·告子上》:"孔子曰:'操则存,舍则亡;出入无时,莫知其乡。'惟心之谓与!"③鸢飞鱼跃:上有鸢飞,下有鱼跃,谓万物各遂其性,各得其所。此句意为在静境中要看到动境。典见《诗经·大雅·旱麓》:"鸢飞戾天,鱼跃于渊。"④处一化齐:一,同一、统一。化,变化。齐,齐一、同一。此是庄子齐是非、齐物我的观点,体现了道家齐物的哲学思想,《庄子·秋水》:"万物一齐,孰短孰长?"意为站在"同一"的立场看事物,差别就会变成"同一"。

[译文]

学者处在热闹和沉寂不同的环境里性格就起变化,兴趣也跟着转移,这还是思想锻炼不够成熟,心神混淆所引起的缘故。必须要执持心志，不使丧失自身涵养，锻炼得好像能在静止的云朵里看见鸢飞，在平静的水中看到鱼游，看狂风暴雨就像风平浪静一样，即在静境中要看到动境，在动境中要看到静境，站在"同一"的立场看事物，才能领会"同一"的真髓和奥妙。

心是一颗明珠，以物欲障蔽之，犹明珠而混以泥沙，其洗涤犹易；以情识①衬贴②之，犹明珠而饰以银黄③，其涤除最难。故学者不患垢病，而患洁病之难治；不畏事障④，而畏理障⑤之难除。

[注释]

①情识：佛家语，意为情欲。②衬贴：一物附加于另一物作陪衬。③银黄：白银和黄金。④事障：佛教认为贪、嗔、痴等为达到涅槃之障，故曰事障。⑤理障：佛教认为邪见能障碍正知，影响理性，故曰理障。

[译文]

人心像是一颗明珠，若以物欲来迷惑它，就像是在明珠上面糊了一层泥沙，洗去还比较容易；假若染上了情欲，那就像明珠外面又包上了一层白银和黄金，祛除就很困难了。所以说有学问的人不怕染上了不良的毛病，就怕思想上有了难治之病；不怕其他方面出毛病，就怕思想上出现邪念，那是很难除去的。

躯壳的我要看得破，破则万有①皆空，而其心常虚，虚则义理来居；性命②的我要认得真，则万理皆备，而其心常实，实则物欲不入。

[注释]

①万有：宇宙间的一切事物。②性命：这里当天理讲。

[译文]

对作为自然界物质躯壳的我要看得破，看破了以后，宇宙间的一切事物就都是空的，心地就能常常保持清静，心里装的就都是义理；而对天理的我则要认得真，做到存天理去人欲，而万事万物之理在我心中就都具备了，心里就常处于充实状态，物欲就难以侵入了。

面上扫开十层甲①，眉目才无可憎；胸中涤去数斗尘②，语言方觉有味。

[注释]

①十层甲：比喻一些人用来掩盖真面目的种种手段。②数斗尘：比喻堆积在人心中的各种欲念。

[译文]

一个人只有完全丢弃了假面具，才不会使人觉得面目可憎；只有彻底扫除了心中的私欲，说出话来才能让人听进去，打动人心。

完得心上之本来，方可言了心①；尽得世间之常道②，才堪论出世③。

[注释]

①了心：使心了悟，佛教以明心见性为了悟。了，懂得，明白。②常道：指一定的法则、规律，常有的现象。语见《荀子·天论》："天有常道矣，地有常数矣。"又《晋书·夏侯湛传》："政有常道，法有恒训。"③出世：脱离世俗社会。

[译文]

只有完全了解人本有的心性，才可以说是懂得了人心；只有全部掌握了人世间客观事物运动变化的一般规律，才可以谈论脱离尘俗这样的问题。

我果为洪炉大冶，何患顽金钝铁之不可陶熔；我果为巨海长江，何患横流污渎①之不能容纳。

[注释]

①横流：不循原道的溪流。污浍：脏且浅的水沟。

[译文]

我如果真是大熔铁炉和冶铁大师，还怕什么顽铜锈铁不能熔铸吗？假如我真有长江大海一样宽广的胸怀，还有什么小溪流、脏水沟不能容纳，还有什么个人成见不能忘却呢？

白日欺人，难逃清夜之愧赧①；红颜失志，空贻皓首②之悲伤。

[注释]

①赧（nǎn）：因羞而脸红。②贻：遗留，留下。皓首：白头。

[译文]

青天白日之下欺骗善良的人，到夜晚扪心自问难免会感到羞愧；年轻的时候没有一点志气和抱负，到年老时只会落得徒然伤心和后悔。

以积货财之心积学问，以求功名之念求道德，以爱妻子之心爱父母，以保爵位之策保国家：出此入彼，念虑只差毫末，而超凡入圣人品，且判星渊①矣。人胡不猛然转念哉！

[注释]

①星渊：比喻高下悬殊。渊，溪沟的最低处。

[译文]

像贪求财物那样去积累学问，像追求功名那样去追求道德品质的提高，拿爱妻子儿女的心肠来爱父母，用保全自己官职的心计来为国家民族考虑：把这边的思想转移到那边，思念和考虑的虽然只相差那么一点点，然而，超越一般人之上的高尚道德品质，和原来的思想境界比起来，就像一在天上，一在地下，高下悬殊实在是太大了。世间的人们为什么不猛然醒悟，转变观念呢！

立百福之基，只在一念慈祥；开万善之门，无如寸心挹损①。

[注释]

①挹损：抑制，谦退。挹，通"抑"。

[译文]

立百世幸福的根基，关键只在有慈悲祥和的念头；想打开通向万善的大门，还不如增加一点谦退之心，抑制自己的私心杂念，少做损人利己之事。

塞得物欲之路，才堪①辟道义之门；驰得尘俗之肩，方可挑圣贤之担。

[注释]

①堪：可，能。

[译文]

一个人只有敢于堵塞和隔断通向财物和情欲的道路，才能找到和打开通向道义的大门；只有勇于卸去肩上负担沉重的尘俗事务，才能担当得起圣贤的责任。

融得性情上偏私，便是一大学问；消得家庭内嫌隙，便是一大经纶①。

[注释]

①经纶：整理丝缕，引申为处理国家大事，也指政治才能。

[译文]

能把你周围的人性格上的优缺点融会起来，使其扬长避短，这也是处世的一大学问；能消除家庭成员之间的矛盾隔阂，使其和睦相处，这也是一种政治才能。

功夫自难处做去者，如逆风鼓棹①，才是一段真精神②；学问自苦中得来者，似披沙获金，才是一个真消息。

[注释]

①鼓棹：奋力划桨。②精神：这里指神采，韵味。

[译文]

做学问从最难处下手去做，就像顶着风浪奋力划桨，才能体现出真正的神采和其乐无穷的韵味；经过艰苦卓绝的努力得到的学问，才会像沙里淘出的纯金，是学问的真正关键和核心所在。

执拗者福轻，而圆融①之人其禄必厚；操切②者寿夭，而宽厚之士其年必长。故君子不言命，养性即所以立命③；亦不言天，尽人④自可以回天⑤。

[注释]

①圆融：圆润融通。②操切：急切严厉。③立命：修身养性，顺从天命。④尽人：充分发挥人的本性。⑤回天：比喻转移极难挽回的事势。

[译文]

性情固执、孤僻呆板的人因成功的机会很少而福薄，反而那些处事圆润融通、灵活机动的人因成功的机会多而俸禄也一定丰厚；性情暴躁、办事过于急切的严厉的人生命年限较短，而那些为人宽宏大量、敦厚淡泊的人必定能够长寿。所以，有道德修养的人不说命运，他们修身养性的目的就是要顺从天命；他们也不说天意如何如何，他们知道只要充分发挥自己和他人的本性潜能，就能尽力扭转极难挽回的局势。

才智英敏者，宜以问学摄其操；气节激昂者，当以德性融其偏。

[译文]

对于才气杰出、智慧敏捷的人,最好用勤学好问的方式统摄他的操行;对于那些慷慨激昂、锋芒毕露的人,则应当以德性来融润其偏颇的地方。

云烟影里现真身①,始悟形骸为桎梏②;禽鸟声中闻自性③,方知情识是戈矛。

[注释]

①真身:真实之形体。②桎梏:脚镣手铐,喻束缚。③自性:佛教认为一切事物和现象各自都有不变不改之性,名曰自性。

[译文]

人只要从虚空的境界中去认识自身,就会领悟到物质的形骸实际是精神的牢笼和镣铐;抛开了自我,从禽鸟的鸣啭中领悟自然界的规律,才知道人世间的一切情欲原本都是扼杀人的灵性的武器。

人欲①从初起处剪除,便似新刍②剧斩,其工夫极易;天理③自乍明时充拓,便如尘镜复磨④,其光彩更新。

[注释]

①人欲:指人的生理欲望。②新刍:新生出来的饲草。③天理:即纲常伦理。④尘镜复磨:古人用的青铜镜,时间一久,易受尘埃和空气的污染而失去反光作用,须重新磨光才能照人。

[译文]

人的尘俗欲望从刚刚萌生时就剪除它,就像割斩刚刚长出地面的杂草一样,是极容易且省工夫的;做人的道德伦理在刚刚通晓事理时就加以灌输,使之充实拓展开来,就像失去光亮的铜镜重新经过磨光以后,更能够焕发出照人的光彩。

一勺水便具四海水味,世法①不必尽尝;千江月总是一轮月光,心珠②宜当独朗。

[注释]

①世法:佛教把世间生灭无常的事物叫作世法。②心珠:佛教以为众生之心性,为本来清静之佛性,后以此比喻人的心地纯洁如珠。

[译文]

如果说喝一勺水就可以品尝出四海水的味道,那么一个人不必要把人世间一切生灭无常的事情都体验经历一遍,就可以明性悟道了。正如天边一轮明月光,映照地上与江水中月一样,只有心地纯洁如明珠,才能在任何环境中始终保持光明正大,一尘不染。

得意处论地谈天,俱是水底捞月;拂意时吞冰啮雪,才为火内栽莲①。

[注释]

①火内栽莲:佛经《维摩诘经》:"火内生莲花,是可谓稀有。"比喻身陷火坑,而能洁己不毁。

[译文]

人在得意之时说天论地,夸夸其谈,实际上都是水中捞月,空忙一场;只有在失意时经过艰难困苦的考验,身陷火坑,而能洁身自好,不堕其志的人,才是真正的英才。

事理因人言而悟者,有悟还有迷,总不如自悟之了了①;意兴从外境而得者,有得还有失,总不如自得之休休②。

[注释]

①了了:清楚明白。②休休:安闲自得、乐而有节的样子。

[译文]

事理因别人的开导才觉悟的人,有认识到的,还有认识不到的,总不如自己经过解悟而了解得透彻深刻;情态兴致是从外部环境得来,而非发自内心,得到的只是其中一部分,总不如自己体会出来的完善尽美，能使人心满意足。

情之同处即为性①，舍情则性不可见；欲之公处即为理②，舍欲则理不可明。故君子不能灭情，惟事平情而已；不能灭欲，惟期寡欲而已。

[注释]

①性：人的本性。②理：天理，即纲常伦理道德。

[译文]

人类感情，情欲的共同之处就是人性，舍弃这些，人的本性也就不复存在了；人类共同的欲望则是天理，去除了这些合理的欲望，则纲常伦理也就无法明确了。所以说，有修养有道德的人不是要灭绝感情，只是遇到事情时要平静淡泊，不计名利；也不能灭绝情欲，只是希望清心养性，少一些欲望罢了。

欲遇变无仓忙，须向常时念念守得定；欲临死而无贪恋，须向生时事事看得轻。

[译文]

要想遇到变化时而不仓促忙乱，必须在平常的时候就能坚守信念；要想临死之时坦然而去，对世上万事万物无所贪恋，就必须在活着的时候，把一切事情都能看得如过眼云烟。

一念之差，足丧生平之善；终身检饬①，难盖一事之愆②。

[注释]

①检饬（chì）：检点约束，谨言慎行。饬，谨慎。②愆（qiān）：过失，失误。

[译文]

一念的过失和差错，足可以丧失平生的善德；终生检点约束，小心谨慎，也难以掩盖一件事的失误。

从五更枕席上参勘①心体，气②未动，情未萌，才见本来面目；向三时③饮食中谙练世味，浓不欣，淡不厌，方为切实工夫。

[注释]

①参勘：校验。②气：人的元气。③三时：即早午晚。

[译文]

黎明前在床上静下心来回忆反省自己的想法和做的事情，这时人的元气没有开始运行，尘情还未萌生，便于看到自己的本来面目；在早午晚三餐中演练熟悉人情世态，对香嫩可口的佳肴不欣喜，淡而无味的菜饭也不厌烦，做到这一点，才是真正切实的修养。

应 酬

操存①要有真宰②,无真宰则遇事便倒,何以植顶天立地之砥柱?应用要有圆机,无圆机则触物有碍,何以成旋乾转坤之经纶③?

[注释]

①操存:操守,志向,即平素的品行志节。②真宰:天为万物的主宰,故称真宰。这里指人心,亦指主导思想。③经纶:这里指治理国家的抱负和才能。

[译文]

平素的品行志节要以宇宙的主宰作主导,假若没有这个主宰作主导,遇事就没有主见,东倒西歪,站不稳脚跟,还凭什么能顶天立地,迎着风浪干一番事业?在日常实际中要灵活机动,圆融变通,不能圆融变通则容易碰壁。如果经常碰壁,那又怎么去实现你扭转乾坤的伟大政治抱负呢?

士君子①之涉世,于人不可轻为喜怒,喜怒轻②则心腹肝胆皆为人所窥;于物不可重为爱憎,爱憎重则意气精神悉为物所制。

[注释]

①士君子:有学问有修养的人。②喜怒轻:轻易喜怒的意思。

[译文]

有学问有修养的人为人处世，对人不可以随便表露出喜怒之情，随意表现喜怒哀乐的人，心里想什么都会被人觉察出来，这样就成不了什么事业；在物质生活方面，若过分的喜好或厌恶某一件东西，意气精神就会被物质条件所左右、所控制，也会影响一个人的才智和抱负。

倚高才而玩世①，背后须防射影之虫②；饰厚貌以欺人，面前恐有照胆之镜③。

[注释]

①玩世：放逸不羁，轻蔑世事，以不严肃的态度对待生活。②射影之虫：古代传说有一种叫蜮的毒虫，生在水中，能喷沙害人，人影被射中即会发疮害病。这里指暗中攻击陷害人者。③照胆之镜：《西京杂记》载，高祖初入咸阳宫有方镜，能照人五脏，及女子有邪心者，则胆张心动。这里指假面孔被人看穿。

[译文]

依仗自己有些才气就放荡不羁，玩世不恭，以不严肃的态度对待生活，背后要提防有人暗中陷害；巧言伪装自己用来欺骗别人，恐怕那副假面孔迟早也会被人看穿。

心体澄沏，常在明镜止水①之中，则天下自无可厌之事；意气和平，常在丽日光风之内，则天下自无可恶之人。

[注释]

①明镜止水：比喻人心体明静，人心澄澈，物来则应，过去不留。语见《庄子·德充符》："人莫鉴于流水，而鉴于止水，唯止能止众止。"

[译文]

心境保持在一尘不染的状态，如常处在明镜或清水那样洁净明亮的环境里，那么天下自然就没有什么可以使人厌烦的事；保持心平气和，感觉自己如常处在大好春光之中，心情爽快，看什么人也都觉得顺眼,就会看到人的善良的一面,世界上也就没有使你感到讨厌的人。

当是非邪正之交,不可少迁就,少迁就则失从违①之正;值利害得失之会,不可太分明,太分明则起趋避②之私。

[注释]

①从违:意思是依从或违背。②趋:靠近。避:躲开。

[译文]

当大是大非、邪恶与正义较量的时候,一定要旗帜鲜明,不可稍有迁就或含糊,稍有迁就含糊就会丧失敢作敢为敢担当的正直正气;在处理个人利害得失时,不可太锱铢较量,斤斤计较,过分患得患失,分金掰两就会表现出趋利避害之私心。

苍蝇附骥,捷则捷矣,难避处后①之羞;茑萝②依松,高则高矣,未免仰攀之耻。所以,君子宁以风霜自挟③,毋为鱼鸟亲人④。

[注释]

①处后:处于……后,指依附于别人。②茑萝:蔓生草本植物。这里比喻依附攀缘权贵。③风霜自挟:谓自挟持风霜,顶风斗雪,像松柏那样品行高洁。④鱼鸟亲人:像被饲养的鱼和鸟一样,乐于和人亲近而受宠于人。

[译文]

苍蝇依附在骏马尾巴上边随之奔跑,虽然比它自己飞行要快多了,但难以避免处在马屁股后的羞惭;茑萝附着于松柏之上,虽然也能爬得很高,但未免有依附攀缘的耻辱。所以,有节操的人宁做松柏,顶风傲霜,屹然挺立于世,也不去做像被人喂养的金鱼和小鸟一样,受人宠爱。

好丑心太明,则物不契①;贤愚心太明,则人不亲。士君子须是内精明而外浑厚，使好丑两得其平，贤愚共受其益，才是生成的德量②。

[注释]

①契：投合，顺眼。②德量：气量，道德修养。

[译文]

若把好丑分得过于明白，就难以与事物相契合；把聪明和愚笨划分得过于明确，也就没有人和你亲近了。所以，有学问、有修养的人要心里精明而外表淳朴，对好坏事情都能公平处理，对贤智和愚拙的人共享益处，这才是生成的宽宏大量的修养。

伺察①以为明者，常因明而生暗，故君子以恬②养智；奋迅以为速者，多因速而致迟，故君子以重持轻。

[注释]

①伺察：探察，观察。②恬：淡然，安静，心神安适。

[译文]

自以为已经探察得非常清楚明白的事情，常常会因为疏忽大意而出现不清楚的地方，所以，有修养的人常以淡然安适的心态来培养智慧；奋力奔跑以追求高速度，恰恰会欲速则不达，所以，有修养的人会以稳重谨慎的态度对待小事和细节。

士君子济人利物①，宜居②其实，不宜居其名，居其名则德损；士大夫忧国为民，当有其心，不当有其语，有其语则毁来。

[注释]

①济人利物：这里指救助别人，对世事有益。济，接济。利，有利于。②居：停留，处于。

[译文]

有学问有修养的人施恩行善，做有利于别人的好事，应该落在实处，而不应图慕虚名，如果图慕虚名，道德修养就会受到损害；

有学问修养的人忧国忧民,应当在心里,而不应挂在嘴上,说出来做不到就会招致诽谤和打击。

遇大事矜持①者,小事必纵弛;处明庭检饬②者,暗室必放逸。君子则一个念头持到底,自然临小事如临大敌,坐密室若坐通衢③。

[注释]

①矜持:拘谨,竭力保持端庄严肃的态度。②明庭:庄重严肃、众目审视之下的大厅。检饬:检点约束,谨言慎行。③通衢:四通八达的大道。

[译文]

遇大事拘谨的人,一般情况下遇到小事就容易懈怠松弛;在严肃庄重的场合能检点约束自己的人,常会在独自一人时放松自己。而有道德修养的人则是一个念头坚持到底,始终如一,那自然在处理小事时也绝不马虎,处在无人的环境中也像在众目睽睽之下那样谨言慎行。

使人有面前之誉,不若使其无背后之毁;使人有乍交①之欢,不若使其无久处之厌。

[注释]

①乍交:刚刚接触和交往。乍,初,刚。

[译文]

让别人当面夸奖你,还不如使人在你背后没有非议诋毁之词;刚刚见面就使人觉得结交你很高兴,还不如使他和你长久地相处得一直很好,从不生厌烦情绪。

善启迪人心者,当因其所明而渐通之,勿强开其所闭;善移风化①者,当因其所易而渐反②之,勿轻矫③其所难。

[注释]

①风化：风俗教化。②反：同"翻"，翻转的意思。③矫：矫正，改正。

[译文]

善于做思想工作的人，应该循循善诱，因势利导，使他真正从思想上慢慢想通，不要简单粗暴、强硬地去打开人家关着的心扉；善于移风易俗的人，应当在旧风俗旧习惯有所变化的时候再慢慢地加以改正，而不轻易地去改变那些一时难于改变的事情。

彩笔描空，笔不落色，而空亦不受染；利刀割水，刀不损锷①，而水亦不留痕。得此意以持身涉世，感②与应③俱适，心与境两忘矣。④

[注释]

①锷：刀锋。②感：感觉，感触，感受。③应：接受，适应，适合。④此则义本宋普济大师云："镜照诸像，不乱光辉；鸟飞空中，不杂空色。"

[译文]

用彩笔在半空中描画，笔上的颜色不会掉落，而空气也不会受到污染；用锋利的刀去切割平静的水面，再切也不会损伤刀刃，而切下去之后水面马上就能复原，不会留下任何痕迹。立身处世，只要能悟出这中间的道理，就可以做到涉世而能超世，应事而不拘泥于事。这样，内心的感受和外部环境相一致，主观的心和客观的境融合、协调到不落言筌两相忘的境界。

己之情欲不可纵，当用逆之之法以制之，其道只在一忍字；人之情欲不可拂①，当用顺之之法以调之，其道只在一恕②字。今人皆恕以适己，而忍以制人，勿乃不可乎？

[注释]

①拂：违反，违背。②恕：儒家提倡的伦理道德，即以仁爱之心待人。《论语·里仁》："夫子之道，忠恕而已矣。"这里当宽恕、原谅讲。

[译文]

　　自己的欲念是不可放纵的，应当用相反的方法加以抑制，不能让其无拘束地任意发展，这中间的道理很简单，只在于能做到一个"忍"字就可以了；但是，对待别人的欲念则不能采用这种态度了，应该抱着凡食五谷杂粮，人人都有七情六欲，对此持一种理解的态度，只要不是大恶，一般情况下不要随便去加以指责和干涉，违背人家的心愿，而应当用顺其自然、因势利导的方法来加以调整，这中间的道理也很简单，只在于能做到一个"恕"字，即宽容、原谅别人就可以了。也就是说，为人处世，要严于律己，宽以待人。但是，当今世上的人啊，大多都喜欢宽容自己，而要求别人比要求自己严格，这样做能行吗？

　　好①察非明，能察能不察之谓明；必胜非勇，能胜能不胜之谓勇②。

[注释]

　　①好：爱好，喜欢。②勇：勇士，英雄。

[译文]

　　喜好明察秋毫的人不是真正的明白人，该觉察的都能觉察到，不该觉察的就不去觉察和追究，这才是真正的明白人，这就是说，要大事清楚，小事糊涂；同样的道理，打仗时每一次都一定能打胜，这种人不一定是真正的勇士，打仗既能打胜仗，又能在一些必要时候适当妥协的人才是真正的勇士。

　　随时①之内善救时，若和风之清酷暑；混俗②之中能脱俗，似淡月之映轻云。

[注释]

　　①随时：顺应大的历史潮流。②混俗：与世俗同流，相混在一起。

[译文]

在平常的状态中,善于把握机会,改造和校正那些随之而来的社会流弊,那就像在酷暑炎热之中吹来一阵柔风,给人带来凉爽;处在世俗之中,同流但不合污,就像在晴朗的夜空中,朵朵轻柔的白云,在淡淡的月光映照下,更显得如银似玉,纯洁无瑕。

思入世①而有为者,须先领得世外风光,否则无以脱垢浊之尘缘②;思出世而无染者,须先谙③尽世中滋味,否则无以持④空寂之苦趣。

[注释]

①入世:涉足于人世。②尘缘:佛教认为色、香、味、声、触、法为六尘,是污染人心、产生欲念的根源。以心攀缘六尘,遂被六尘牵累,故名尘缘。③谙:熟记,熟悉。④持:守住、保持之意。

[译文]

人要想投身社会而能为国为民有所作为,就必须先了解体会世俗之外的情况,要不然就无法摆脱那些污染人心、肮脏污浊的世俗之念的诱惑;要想摆脱世俗社会的羁绊,而又能做到断绝欲念后一尘不染,无牵无挂,那也必须先通晓和尝尽人世间的苦辣酸甜,彻底斩断欲根,否则也无法守住意念,保持住在漫长的空虚寂寞的心境中无求无为、以苦为乐的旨趣。

与人①者,与其易疏于终,不若难亲于始;御事②者,与其巧持于后,不若拙守于前。

[注释]

①与人:同人结交。②御事:治理、处理事情。

[译文]

与他人交往,与其轻易地疏远分离,落得不欢而散的结局,还不如一开始认识的时候就不要那么亲密,采取慎重的态度;处理事情的时候，与其最后凭借机巧收拾残局，还不如刚开始时就老老实实，用笨拙的办法做好一点一滴。

酷烈①之祸，多起于玩忽②之人；盛满③之功，常败于细微之事。故语云："人人道好，须防一人着恼；事事成功，须防一事不终。"

[注释]

①酷烈：刑罚严厉残暴，达到极甚地步。②玩忽：忽视大意。③盛满：达到极点，顶点。

[译文]

惨烈沉痛的灾祸，酿成惨痛教训的，大多数是起源于那些遇事马马虎虎、粗心大意的人；盛极圆满的功德，如不谨慎，也常常会毁坏在一些细小的小事上。所以古语说："人人都说好，还要提防一人着了恼；事事都成功，还怕一事不能善始又善终。"

功名富贵，直从无处观究竟①，则贪恋自轻；横逆②困穷，直从起处究由来，则怨尤自息。

[注释]

①直：径直，直接。究竟：结局，结果。②横逆：指横祸、厄运。

[译文]

对待功名富贵，若能径直从结局看无非身外之物的话，那么，贪恋之心自然就会少一些；对待厄运和穷困，也能够反躬自问：为什么会落到这步田地，检讨起因和过程，那自然也就不会有怨天尤人的情绪了。

宇宙内事，要力担当，又要善摆脱，不担当则无经世①之事业，不摆脱则无出世之襟期②。

[注释]

①经世：指治理国事。②襟期：襟怀、志趣。

[译文]

世上的一切事情，要勇于承担并负责任，又要善于摆脱并放得开。不承担、遇事又不敢负责任话就不可能在政治上建功立业，卓有建树，不摆脱、放不开也就不会有洒脱的襟怀、廓落的意度、脱尘的志趣。

待人而留有余不尽之恩礼①，则可以维系无厌之人心；御事②而留有余不尽之才智，则可以提防不测之事变。

[注释]

①恩礼：恩德和礼仪。②御事：处理事情。

[译文]

待人总要保留一份绰绰有余、不会穷尽的恩情和礼仪，这样才可以维系永不满足的人心；处事总要保留一点绰绰有余，不穷尽才能和智慧，这样才能提防难以预料的变故。

了心自了事，犹根拔而草不生；逃世①不逃名，似膻存而蚋②仍集。

[注释]

①逃世：逃避尘世的羁绊。②蚋（ruì）：一种昆虫，喜刺吸牛、羊等牲畜血液，体型、食性似蝇。

[译文]

人只要做到清心寡欲，心平气和，自然世俗的纷扰和忧烦就会很少，就好像除草时把根拔掉了，解决了根本问题；想逃避尘世的羁绊，却又抛不开名缰利锁，那就好像膻腥味依然存在，仍会招引一些蚋蝇集聚在那个地方。

仇边之弩①易避，而恩里之戈②难防；苦时之坎易逃，而乐处之阱③难脱。

[注释]

①仇边之弩：从仇敌方面射出的箭。弩，以机械作动力的弓，此指用弩射出的箭。②恩里之戈：朋友圈里的暗枪。戈，我国古代的一种长柄兵器，近似于矛。③阱：为防御或猎捕兽而设置的陷坑。

[译文]

来自仇敌方面的明箭是容易躲避的，但朋友圈里的暗枪就难防了；人在艰难困苦的环境中，敌人设置的陷阱容易避过，而安乐之时往往就会掉进陷阱里去。

膻秽则蝇蚋丛嘬①，芳馨则蜂蝶交侵。故君子不作垢业②，亦不立芳名，只是元气浑然③，圭角④不露，便是持身涉世一安乐窝⑤也。

[注释]

①丛嘬：丛集叮咬。②垢业：肮脏的勾当。③元气：指天地未分前的混沌之气，亦泛指宇宙自然之气，此指人的精气神。浑然：完整融合不可分貌。④圭角：即圭的棱角，犹言锋芒。圭，古玉器名。⑤安乐窝：北宋哲学家邵雍，自号为安乐先生，隐居苏门山（在今河南辉县），名所居为"安乐窝"，后将其宅迁洛阳天津桥南，仍用此名。后人以此专指安逸舒适的生活环境。

[译文]

又脏又臭的地方，蚋蝇就会丛集叮咬，气味芬芳也会招来蜜蜂、蝴蝶穿梭来往，使人照旧不得安生。所以，有品行的人洁身自好，清清白白，既不去做肮脏之事，也不标新立异，出人头地；他们只是心中纯洁清静，充满活力，没有种种欲念，心胸广阔，锋芒不露，采用这种方法来立身处世，就会为自己创造一个安乐舒适的环境。

从静中观物动,向闲处看人忙,才得超尘脱俗的趣味;遇忙处会偷闲,处闹处能取静,便是安身立命①的功夫。

[注释]

①安身立命:物质生活和精神生活都有所寄托。

[译文]

在宁静的环境中观察万物的运动,在悠闲自得的情况下去观察那些为名为利日夜忙碌的人的生活,认真地加以思索体会,这样才品味到超脱尘情世俗的乐趣;能够做到忙里偷闲,闹中取静,这样,就是安定生活、寄托精神的修养功夫。

邀①千百人之欢,不如释②一人之怨;希千百事之荣,不如免一事之丑。

[注释]

①邀:希求。②释:消融,消除。

[译文]

希求让千百人都欢欣高兴,还不如消除一个人对你的怨恨;希求千百件事都做得光彩荣耀,还不如免去做错一件事所带来的羞辱。

落落者①,难合亦难分;欣欣者②,易亲亦易散。是以君子宁以刚方见惮③,勿以媚悦取容。

[注释]

①落落者:此指不随便与人交往的人。落落,形容孤独,不遇合。②欣欣者:此指一见就讨人喜欢的人。欣欣,喜悦貌。③刚方见惮(dàn):刚直方正,庄重严肃,令人生畏。惮,怕,畏惧。

[译文]

不随便与人交往的人,轻易和他们交不上朋友,一旦结交,就是生死不渝的真朋友；乖巧机灵，一看就能给人好感的人，这种人容易亲近，也容易背弃。所以，作为君子，宁可严厉正直，使人望而生畏，也不可以靠吹吹拍拍、阿谀奉承来获取别人的好感。

意气与天下相期①，如春风之鼓畅庶类②，不宜存半点隔阂之形；肝胆与天下相照，似秋月之洞彻群品③，不可作一毫暧昧之状。

[注释]

①相期：互相约定。期，约定。②庶类：众多的物类。③群品：众多的物品。

[译文]

意气和普天下的人相期许，应该像和煦的春风吹拂万物一样，透透彻彻，不应该存半点隔阂；肝胆与普天下的人相映照，应拿出真诚的心意，就像清亮的秋月普照着大地万物一样，清清白白，不要做有任何一点蒙眬迷离的样子。

仕途虽赫奕①，常思林下②的风味，则权势之念自轻；仕途虽纷华③，常思泉下④的光景，则利欲之心自淡。

[注释]

①赫：显赫。奕：光彩，光彩照人的样子。②林下：树林之下，本指幽静之地。旧时又称退隐之所，称罢官为退归林下。③纷华：繁华丽盛。④泉下：黄泉之下，指过世之后。

[译文]

当一个人在官场上飞黄腾达的时候，要经常考虑一下辞官退隐以后的情况，那么，倚仗权势、作威作福的优越感自然就会轻一些；仕途上虽然春风得意，享尽荣华富贵，但人生短暂，一切都是过眼云烟，只要想一想黄泉之下，不管富贵与贫贱都是一抔黄土，一堆白骨，那么追求利欲之心自然就淡了。

鸿未至先援弓①，兔已亡再呼犬，总非当机作用；风息时休起浪，岸到处便离船，才是了手②的工夫。

[注释]

①援弓：拉弓射箭。②了手：善于撒手。

[译文]

飞雁还未来到时就急于拉弓射箭，野兔已经被射死了才记起招呼猎犬，这总不是把握正当时机发挥它们的作用；风已经停了就不要再作浪，到了岸边就马上离船，这才是善于撒手和解决事端的态度。

向热闹场中出几句清冷言语，便扫除无限杀机；向寒微路上用一点赤热心肠，自培植许多生意。

[译文]

在热闹嘈杂的场合中，人人都丧失理智的时候来几句振聋发聩的清冷言语，给正昏胀的头脑上泼点冷水，使其恢复理智，就会控制住情绪，免除灾祸；对那些微贱贫穷、正需要帮助的人以真诚的关心和帮助，用一片赤热心肠去温暖和感化他们，自然会带给他们生活的信心和勇气，鼓励他们扬起人生的风帆，创造成功的业绩。

随缘①便是遣缘②，似舞蝶与飞花共适；顺事自然无事，若满月偕盂水同圆。

[注释]

①随缘：即心随缘起。缘，佛教指事物生起或坏灭的辅助条件，外界事物使身心受到感触谓之有缘。②遣缘：指排除使身心受感染的外界事物。遣，排除，驱赶。

[译文]

心随缘起就是缘随心去，这就像飞舞的蝴蝶与满天的落花互相适应，两不相碍；顺应世事自然就不会生事，这也就像是十五的月亮和水盆一样，虽然高下不同，但都是圆的。

淡泊之守，须从浓艳场中试来；镇定之操，还向纷纭境上勘①过。不然操持未定，应用未圆，恐一临机登坛②，而上品禅师又成一下品俗士矣。

[注释]

①勘：核对，查验。②临机：遇到机会。坛：土筑的高台，古时用于祭祀及朝会、盟誓等大事。这里指佛教讲经说法的场所。

[译文]

不慕名利、不贪私欲、清静无为、淡泊操守的思想境界，不是每个人轻易都能达到的，必须经历过灯红酒绿、纸醉金迷的生活的考验；沉着镇静、临变不惊的气魄，也必须多次体验过纷扰嘈杂的环境，这样修养才算到家。不然的话，平素所执持的志行品德没有确立，达不到圆融的思想境界，虽然平素也看不出什么欠缺，但一遇到关键时刻，真正要对意志和操守做出考验的时候，因为修养不到家，意志不坚定，平时看似得道高僧关键时刻却表现得庸俗不堪，成为一个下品俗士了。

廉所以戒贪，我果不贪，又何必标一廉名，以来贪夫之侧目①；让所以戒争，我果不争，又何必立一让字，以致暴客②之弯弓③。

[注释]

①侧目：不正视，怒目斜向，形容怨恨。②暴客：这里指强暴之人。③弯弓：指原友善者反目成仇。

[译文]

倡导廉洁是用来戒除贪污的，我如果本来就不贪污腐败，那又何必要为自己标榜一个廉洁的名声，以此来引起那些贪污腐败之辈的嫉妒和怒目相视呢？提倡忍让是为了戒除争斗，我如果本来和明争暗斗的事就不沾边，那又何必将忍让挂在嘴上，以至于引起强暴之人的不服气，招致他们的反目成仇呢？

无事常如有事时提防，才可以弥意外之变；有事常如无事时镇定，方可以消局中①之危。

[注释]

①局中：亦作局内。局，本指棋局，这里指参与其事。

[译文]

无事的时候常像有事要发生一样时刻提防，小心谨慎，这样才可以止息意外事变的发生；有事的时候常像没有任何事一样镇定自如，临危不惊，处变不乱，这样才可以消除作为局中人而带来的危险。

处世而欲人感恩，便为敛怨①之道；遇事而为人除害，即是导利之机。

[注释]

①敛怨：积聚起怨恨。

[译文]

人生在世，乐善好施，帮助别人后不要图人报答，如果想让人感恩戴德报答你，那你就开始聚积起人家的怨恨了；遇事能挺身而出，除暴安良，那也就会导致对你有利的机会到来。

持身如泰山九鼎①凝然不动，则愆尤②自少；应事若流水落花悠然而逝，则趣味常多。

[注释]

①泰山九鼎：比喻高大沉重，岿然不动。九鼎，古代传说夏禹王铸九鼎，象征九州，三代时奉为传国之宝，后以九鼎比喻分量之重。②愆尤：当罪过

讲。愆，过失，罪咎。

[译文]

立身处世如果能像泰山九鼎那样高大沉稳，岿然屹立，稳稳当当，所犯的过失自然就会少了；处理应付世事不慌不乱，就像流水落花那样怡然自在，随水漂流而去，所品尝到的生活的情趣就会有很多。

君子严如介石①，而畏其难亲，鲜不以明珠为怪物②而起按剑之心；小人滑如脂膏③，而喜其易合，鲜不以毒螫为甘饴④而纵染指⑤之欲。

[注释]

①介石：处于二者之间使之隔开的碑石，这里有坚硬强劲、不偏不倚、中正公允之意。②以明珠为怪物：《史记·鲁仲连邹阳列传》："臣闻明月之珠，夜光之璧，以暗投人于道路，人无不按剑相眄者，何则？无因而至前也。"意为当其人尚不了解真情时，即使是明珠，也会被当作怪物。③脂膏：生物体中的油脂，凝者为脂，释而为膏。这里指涂物使之润滑所用的油脂。④毒螫（shì）：毒虫的刺。甘饴：甜的饴糖。⑤染指：比喻取得非分利益。

[译文]

君子严肃正直得就像界石一样，以至于使人不理解，感到畏惧和难以亲近，其实这也不奇怪，就像是当人们在不了解真相时，很少有人不把明珠当成怪物，而产生戒备心理；心地肮脏没有德行的人奸猾乖巧，简直像油膏一样滑，但却有人喜欢他，觉得他容易接近，最后很少不是把毒刺当成了甜糖，纵容他得到非分利益的欲望。

遇事只一味镇定从容，纵纷若乱丝，终当就绪；待人无半毫矫伪欺隐，虽狡如山鬼①，亦自献诚。

[注释]

①山鬼：又称夔（kuí），是古代神话传说中的一只独足怪兽，这里泛指山中鬼怪。典见《山海经·大荒东经》。

[译文]

遇到事情时，只要从容镇定，不慌不忙，有条有理地去解决，纵使纷纷杂杂，像一团乱麻那样毫无头绪的事，也能理出头绪来；对待别人以诚相见，没有半点的虚伪和隐瞒，对方即使像山鬼那样狡猾，也自然会将心比心，向你献出诚意。

肝肠煦若春风，虽囊乏一文，还怜茕独①；气骨清如秋水，纵家徒四壁②，终傲王公。

[注释]

①茕（qióng）独：孤独无靠的意思。②家徒四壁：指家中贫乏，一无所有。

[译文]

有一副忠肠义胆的人，待人像春风一样和暖，这些人虽然自己也很穷困，仍会慷慨解囊，救济怜悯那些孤苦无靠的人；气节人品像秋水那样清澈，即使家中贫困得一无所有，但只要品行高尚，仍然可以瞧不起那些尸位素餐的王公贵族。

讨了人事的便宜，必受天道①的亏；贪了世味②的滋益，必招性分③的损。涉世者宜审择之，慎勿贪黄雀而坠深井，舍隋珠而弹飞禽④也。

[注释]

①天道：上天的意志。②世味：人世滋味，人间世情。③性分：天性，指人的天然的本质和特征。④舍隋珠而弹飞禽：《庄子·让王》："今且有人于此，以隋侯之珠，弹千仞之雀，世必笑之，是何也？则其所用者重，而所要者轻也。"比喻处世轻重失宜。

[译文]

在人事上使奸耍巧占了人家的便宜，必然要受到主宰人间吉凶祸福的上天意志的惩罚；贪恋人世上的美酒佳肴、声色犬马的享乐，必然招致人的天然本性受到损伤。这些都是需要世上的人们谨慎选择的，切莫为了捉到一只小黄雀而不慎落入深井，用隋侯的宝珠去射飞鸟，做出舍重取轻、舍长取短的傻事来。

费千金而结纳贤豪，孰若①倾半瓢之粟以济饥饿之人；构千楹②而招来宾客，孰若葺数椽之茅③以庇孤寒之士。

[注释]

①孰若：何如，不若，还不如。这里是反诘语气，含有比较意味。②构千楹：建造千幢房屋。③葺（qì）数椽之茅：修几间草屋，后泛指修理房屋。葺，用茅草覆盖房屋。

[译文]

耗费千金去结交贤达豪杰之士，还不如拿出半瓢粮食来救济那些挨饿的人；建造千百间房屋招来宾客，还不如给那些无家可归的孤寒之士修上几间草屋，让他们来遮蔽风雨。

解斗者，助之以威则怒气自平；惩贪者，济之以欲则利心反淡。所谓因其势而利导之，亦救时应变一权宜①法也。

[注释]

①权宜：因时因事而变通。

[译文]

解劝那些正在争斗的人，好言相劝有时并不能奏效，给他们鼓劲反而会使他们的怒气自己平息；惩戒那些贪心的人，再送上些利欲给他们，他们的利欲之心反而淡薄了。这就是顺着它的发展趋势而加以引导它，也不失为解困济危时因时因事的一个变通方法。

市恩不如报德之为厚,雪忿①不若忍耻之为高,要誉不如逃名之为适,矫情②不若直节之为真。

[注释]

①雪忿:洗雪愤恨。②矫情:掩饰真情。

[译文]

以小恩小惠取悦于人,还不如施人以德更为忠厚,洗雪愤恨,以怨报怨还不如忍辱负重高明,沽名钓誉哪有隐姓埋名舒适,故意掩饰真情还不如直来直去显得纯真。

救既败之事者,如驭临崖之马,休轻策①一鞭;图垂成之功②者,如挽上滩之舟,莫少停一棹。

[注释]

①策:鞭打。②垂成之功:将要到手的成功。

[译文]

挽救那些将要失败的事,就像驾驭悬崖边上的烈马一样,一定不要再鞭打烈马,哪怕是轻轻地打一下;企求马上到手的成功,一定要一鼓作气,就像牵引快要上到滩边的舟船一样加快划桨速度,连一下也不要停。

先达①笑弹冠②,休向侯门轻曳裾③;相知犹按剑,莫从世路暗投珠④。

[注释]

①先达:有德行学问的前辈。②弹冠:比喻相友善者援引出仕。晋葛洪《抱朴子·自序》:"内无金张之援,外乏弹冠之友。"③侯门轻曳裾:这里指奔走于权贵之门。侯门,公侯之门。曳,拖着。裾,衣之前后襟。④按剑:以手抚剑,预示击剑之势。典见《史记·鲁仲连邹阳列传》:"臣闻明月之珠,夜光之璧,以暗投人于道路,人无不按剑相眄者,何则?无因而至前也。"

[译文]

可以靠有德行学问的前辈援引出仕,绝不能为了一官半职低三下四,奔走于权贵之门;知己朋友相对,因世事崎岖艰难,前途荣枯无凭,常有抚剑长叹、壮志未酬之慨,劝那些热心入世的人,前人之鉴,还是不要再重演明珠暗投的悲剧了。

杨修之躯见杀于曹操①,以露己之长也;韦诞之墓见伐于钟繇②,以秘己之美也。故哲士③多匿采以韬光④,至人⑤常逊美而公善⑥。

[注释]

①杨修之躯见杀于曹操:杨修(175~219),东汉末文学家,好学善文,才思敏捷,任曹操主簿时,因屡显其能,为曹所忌,借故将其杀掉。曹操(155~220),三国时政治家,文学家,位至丞相,封魏王。子曹丕称帝,追尊为"武帝"。②韦诞之墓见伐于钟繇:韦诞和钟繇都是三国魏人,二人均善书法。虞喜《志林》载:"钟繇见蔡邕笔法于韦诞坐中,苦求不与,捶胸呕血。太祖以五灵丹救之。诞死,繇盗发其冢,遂得之。"③哲士:才能识见超越寻常的人。④匿:藏匿。韬光:把声名才华掩藏起来。⑤至人:道德修养达到最高境界的人。⑥逊美而公善:美德坚辞推让,善行归于众人。

[译文]

杨修之所以被曹操杀掉,就是因为他喜欢卖弄自己,显露才华;韦诞死了之后还被钟繇挖开墓穴,招致开棺之灾,就是因为他生前显示自己的秘宝,并以之为美炫耀于人。因此才能识见超常的人,他们大多都把自己的声名和才华掩藏起来,怀才不露,道德修养达到最高境界的人,也常常是美德辞而不受,善行归于众人。

少年的人,不患其不奋迅①,常患以奋迅而成卤莽,故当抑其躁心;老成的人,不患其不持重,常患以持重而成退缩,故当振其惰气。

[注释]

①奋迅：快速奋发上进。

[译文]

对年轻人，不怕他不奋发上进，怕的倒是他上进心太强而导致冒头粗率，所以，应适当控制他的急躁情绪；对于上了年纪又很老练成熟的人，怕的不是他不稳重谨慎，常常担心的倒是因为他太谨小慎微而遇事退缩，所以，应当鼓励他们振作精神，丢掉惰怠之气。

舌存常见齿亡①，刚强终不胜柔弱；户朽未闻枢蠹②，偏执岂能及圆融。

[注释]

①舌存常见齿亡：西汉刘向《说苑·敬慎》："老子曰：'夫舌之存也，岂非以其柔耶？齿之亡也，岂非以其刚耶？'"意思是刚强者容易摧折，而柔弱者常常得以保全。②户朽未闻枢蠹：意思是门轴经常转动，所以不被蛀蚀，而门框因为固定不动，所以先自朽坏。户，门框。枢，门轴。

[译文]

一个常见的现象是：舌头存在，而牙齿早已没有了，这说明刚强容易摧折，而柔弱却能得以保全，刚强最终不如柔弱。门框容易朽坏，是因为它常年固定不动；门轴不被蛀蚀，是因为它经常灵活转动。由此可见，固执呆板又怎么能赶得上圆融变通能够保全自己。

评 议

　　物莫大于天地日月,而子美①云:"日月笼中鸟,乾坤水上萍。"②事莫大于揖逊征诛③,而康节④云:"唐虞揖逊三杯酒,汤武征诛一局棋。"⑤人能以此胸襟眼界,吞吐六合⑥,上下千古,事来如沤生大海⑦,事去如影灭长空。自经纶万变而不动一尘矣。

[注释]

　　①子美:唐代伟大诗人杜甫(721~770),字子美。②日月笼中鸟,乾坤水上萍:出自杜甫诗《衡州送李大夫七丈勉赴广州》。③揖逊征诛:政权改换的两种方式。揖逊,揖让退逊,即拱手把政权让给贤者。征诛,即用武力夺取政权。④康节:北宋理学家邵雍(1011~1077),终生隐居,屡次授官不仕,死后谥号为康节。⑤唐虞揖逊三杯酒,汤武征诛一局棋:据史籍记载:唐尧因为虞舜贤而有德就让位于他,称为揖让。汤灭夏桀,武王伐纣,则是以武力夺取政权,名曰征诛。⑥六合:指上下四方,整个宇宙空间。⑦沤生大海:大海里的一个小水泡,比喻极其渺小。沤,水泡。

[译文]

　　万物没有比天地和日月更大的了,但是杜甫说:"日月就像笼中的小鸟,天地就像水上的草萍。"事情没有比改朝换代更大的了,但是邵雍却说:"唐尧让位于虞舜,汤灭夏桀,武王灭纣,这些都不过像三杯酒或下一局棋一样,也算不了什么大事。"人要是能有这样的胸怀和眼界，对宇宙间古往今来的一切事件，都能看作寻常小事。那么不管碰到什么事情，来的时候把它看作大海里的一个小浪花，事情过去就像长空里的一颗流星。做到这样，自然无论政治局势如何千变万化，而始终保持内心的镇定从容。

君子好名，便起欺人之念；小人好名，犹怀畏人之心。故人而皆好名，则开诈善之门；使人而不好名，则绝为善之路。此讥好名者，当严责夫君子①，不当过求小人也。

[注释]

①严责夫君子：从严要求那些有道德修养的人。

[译文]

有道德修养的人如果好名，就会起一些骗人的念头；而无道德修养的人好名，还会怀有畏惧的心理。所以，假使世上的人都好名，那就等于开了欺诈伪善的大门；但是假若世上的人都不好名，也就堵绝了做好事向善的路子。所以说，讥讽好名者，就应该严格要求君子，对一般的人则不应该过于责求。

大恶多心柔处伏，哲士须防绵里之针；深仇常自爱中来，达人宜远刀头之蜜①。

[注释]

①刀头之蜜：食刀头之蜜有截舌之患，比喻贪小利而冒大风险。

[译文]

大的恶行多有柔顺的外衣，所以明智的人必须提防那些外貌和善、内心刻毒的人；深仇大恨也常常是从爱中生出，所以，深刻理解人生之道的人应该远远地避开那些贪小便宜而冒大风险的事。

持身涉世，不可随境而迁；须是大火流金①，而清风穆然②；

严霜杀物，而和气蔼然③；阴霾翳④空，而慧目朗然；洪涛倒海，而砥柱屹然，方是宇宙内的真人品。

[注释]

①大火流金：大火把金属都熔化成了液体，比喻受到高温的考验。②穆然：温和的样子。③蔼然：和气可亲的样子。④霾（mái）：大气中裹着尘土形成的混浊云团。翳：遮蔽。

[译文]

人立身处世，必须要有固定的品行操守，不能随着环境或地位的变化而改变。必须像以下几种情况这样：即使大火把金属都熔化成了液体，但胸中清风依然温和地吹拂；即使严霜逼人，肃杀万物，而胸中祥和之气依然可亲；即使阴云蔽日，而人的心神依然犹如阳光普照；即使狂风巨浪迎面扑来，而内心却有中流砥柱巍然屹立，坚强不移。达到了这样的境界，才算是世界上的最崇高的人品。

爱是万缘①之根，当知割舍；识②是众欲之本，要力扫除。

[注释]

①万缘：佛教以心对环境的感应为缘，万缘即心对一切事物的感应。②识：知识、见识。

[译文]

爱是人心对一切事物感应的总根子，应该知道加以控制和禁戒；识则是人世间一切欲望的根基，也要尽力戒除。

作人要脱俗，不可存一矫俗①之心；应事要随时，不可起一趋时②之念。

[注释]

①矫俗：此指为了纠正坏习俗而有意标新立异。②趋时：追逐时代浪头。

[译文]

做人要脱离时俗，但又不应该为纠正坏习俗而有意标新立异的心思；处理事情要跟上时代，符合当时的条件或需要，但又不应有追逐潮流、出风头的想法。

宁有求全之毁①，不可有过情②之誉；宁有无妄之灾③，不可有非分之福。

[注释]

①求全之毁：为求得完美无缺，反而招致诋毁。②过情：超过实际情况。③无妄之灾：意外的灾祸。

[译文]

做人做事宁可因追求完美，而招致诋毁，也不要有过分的称誉；处世宁可有意外的灾祸，也不要希求有非分的福利。

毁人者不美，而受人毁者遭一番讪谤①便加一番修省②，可以释回而增美③；欺人者非福，而受人欺者遇一番横逆④便长一番器宇⑤，可以转祸而为福。

[注释]

①讪谤：毁谤，讥笑。②修省：修养反省。③释回而增美：谓去除邪僻，增加美善。典见《礼记·礼器》："礼，释回，增美质。"郑玄注："释，犹去也；回，邪僻；质，犹性也。"④横逆：强暴无理的举动。⑤器宇：胸襟，度量。

[译文]

诽谤别人的人，他们的才德和品质并不好，而那些受到诽谤的人遇到一次攻击和讥笑，就会提升一次修养，进行一次反省，就可以消除错误增加美德；欺侮别人也并不是福分，而那些受人欺侮的人遇到一次强暴无理的欺侮，就会增长一些胸襟的度量，反而可以把受到的祸害转换为福分了。

梦里悬金佩玉①，事事逼真，睡去虽真，觉后假；闲中演偈谈玄②，言言酷似，说来虽是，用时非。

[注释]

①悬金佩玉：为古代贵族服饰，指身为达官显贵。②演偈谈玄：偈（jì），梵语"偈佗"（Gatha）的简称，即佛经中的唱颂词，一般四句为一偈。演偈即演说佛经中的唱颂词，谈玄即谈论佛学义理。

[译文]

梦见自己成了佩金戴玉的达官显贵，一切都很逼真，但睡着的时候是真的，醒来以后就知道是假的了；清闲无事的时候凑在一起演说佛经中的唱颂词，谈论佛学义理，说得也蛮像那么回事，但虽然口里这么说的，真正到了实际中就不是这样了。

天欲祸人，必先以微福骄之，所以福来不必喜，要看他会受；天欲福人，必先以微祸儆之，所以祸来不必忧，要看他会救。

[译文]

老天想要降祸于人，必然会先给他一些小福气，使他先骄傲懈怠，所以，遇有什么好事也不必过分高兴，还要看他会不会享受；老天想要降福给人，也会先给他一点小的灾难，来警诫、锻炼他的意志，所以说，灾难临头时也不必忧虑害怕，要看他会不会解救，很快从困境中崛起。

荣与辱共蒂，厌辱何须求荣？生与死同根，贪生不必畏死。

[译文]

光荣与耻辱就像一根藤上两个瓜，如果讨厌害怕羞辱又怎么能够追求荣誉？生与死就像一条根上两个果，有生就有死，希求生也不必害怕死亡。

作人只是一味率真,踪迹虽隐还显;存心若有半毫未净,事为虽公亦私。

[译文]

做人如果只是一味地由着性子坦率真挚,那么,虽然有些隐士的风度和踪迹,但仍然时而显露出来,毕竟还不是真正的隐士;办事时如果藏有半点私心杂念,表面貌似公正,实则包藏私利。

鹪占一枝,反笑鹏心奢侈①,兔营三窟,转嗤鹤垒②高危。智小者不可以谋大;趣卑者不可与谈高。信然矣。

[注释]

①鹪占一枝,反笑鹏心奢侈:鹪,鹪鹩,一种小鸟。奢侈,不节俭,这里指过分过高的要求。《庄子·逍遥游》:"鹪鹩巢于深林,不过一枝。""鹏之徙于南冥也,水击三千里,抟扶摇而上者九万里……蜩与学鸠笑之曰:'我决起而飞,抢榆枋,时则不至而控于地而已矣。'"②鹤垒:鹤建的巢。

[译文]

鹪鹩这种小鸟,目光太短浅了,它只能落在枝头上,不但无法理解大鹏的崇高志向,反过来还讥笑大鹏的追求太过分,野兔只能在地下建造三个洞窟,反过来还嗤笑白鹤的巢过于高大。由此可见,才智小的人不可以和他在一块谋划大事业;趣味卑下的人,也不可以同他谈论高尚的事情。真的是这样啊!

贫贱骄人,虽涉虚愊①,还有几分侠气;英雄欺世,纵似挥霍②,全没半点真心。

[注释]

①虚愊:指无相应的才能或力量而盲目地骄傲。愊,同"骄"。②挥霍:奔放,洒脱。

[译文]

贫贱之士骄傲于人,虽然没有资本自负高傲,但毕竟还有几分侠义之气;英雄之辈借势欺人,虽然有时洒脱也奔放,却全然没有半点真心实意。

糟糠不为彘①肥,何事偏贪钩下饵?锦绮岂因牺②贵,谁人能解笼中囮③。

[注释]

①彘(zhì):猪。②牺:牺牲,用来祭祀的牛、羊、猪等供品。③囮(é):今称囮子,鸟媒,捕鸟人用来诱捕同类鸟的活鸟。

[译文]

用饲料来喂猪,不单单是为了让猪长得肥,主要是为了养肥它才好吃它的肉,知道了这种道理,为什么还要像馋嘴的鱼儿那样,贪食钓饵而招致丧生呢?用绫罗绸缎盖在牛、羊、猪的身上,也不是因为它们高贵,而是因为用它们来做祭品的缘故。那被关进鸟笼子里被当成鸟媒的鸟,眼看着同类也要像自己一样被人捉拿,但是又有谁能理解它此时复杂的心情呢?

琴书诗画,达士以之养性灵,而庸夫徒赏其迹象;山川云物,高人以之助学识,而俗子徒玩其光华。可见事物无定品,随人识见以为高下,故读书穷理要以识趣为先。

[译文]

弹琴练字作诗绘画,深刻认识人生的人是用之来陶冶情操的,而一般的俗人只是接触一下它的表面现象罢了;高山大川,风景名胜,品学高的人可以随着它增长知识,开阔情怀,而凡夫俗子也只能看到它的外表的色彩艳丽。由此可见,对世上的事情没有固定的评价标准,全凭人的学识和眼光来评价它的高低。所以,读书学习、穷究事理要以能够领悟理解其中的真髓最为要紧。

美女不尚铅华①，似疏梅之映淡月；禅师不落空寂，若碧沼之吐青莲。

［注释］

①铅华：擦脸的粉。

［译文］

真正长得漂亮的女子是不施脂粉的，就像疏落的梅花在淡淡的月光映照下，更显得美而不俗；功德高深的禅师也不因一世空寂为憾，就像是在碧绿的池水中的莲花一样显得清风仙骨。

廉官多无后，以其太清也；痴人每多福，以其近厚也。故君子虽重廉介①，不可无含垢纳污②之雅量；虽戒痴顽，亦不必有察渊洗垢③之精明。

［注释］

①廉介：廉洁正派。②含垢纳污：即容忍污浊不洁之事。③察渊洗垢：比喻过分地深察苛求。

［译文］

清官往往没有后路，就是因为他们太清正了；痴呆愚顽的人往往福气好，那是因为他们接近忠厚。所以说，有道德修养的人虽然也重视廉洁正直，但是也不能没有一点容人之过的宽宏大量；他们虽然也惩戒那些痴笨落后的人，但是，也不必要对这些人过分地深察和要求太严格。

密则神气拘逼①，疏则天真烂漫，此岂独诗文之工拙从此分哉？吾见周密之人纯用机巧，疏狂之士独任性真。人心之生死，亦于此判也。

[注释]

①拘逼：拘束、限制。

[译文]

（写诗作文）密就显得神气拘谨，文笔艰涩；疏则显得纯真自然，不虚伪造作。这难道仅仅是写诗作文时区别好坏的标准吗？我了解一些处事周密严谨的人，他们事事谋划，纯用机巧，而一些粗鲁狂放的人为人处世，任性纯真。可见人心受不受限制，有心还是无心，在这里也可以判别出来。

翠筱①傲严霜，节纵孤高无伤冲雅；红蕖②媚秋水，色虽艳丽，何损清修③？

[注释]

①筱（xiǎo）：小竹子。②红蕖：也称芙蕖，即荷花。莲花未开曰菡萏，已发曰芙蕖。③清修：清白的风范。

[译文]

翠绿的细竹不畏风霜，屹然挺立，它们虽然有些孤高但也无妨其高雅的德行；红色的荷花映照着绿水，虽然色彩艳丽，炫人眼目，但是丝毫也无损于它出淤泥而不染的清白本性。

贫贱所难，不难在砥节①，而难在用情②；富贵所难，不难在推恩③，而难在好礼④。

[注释]

①砥节：常作砥节砺行，意思是磨炼节操。②用情：以真实的感情相待。《礼记·祭义》："教民相爱，上下用情，礼之至也。"③推恩：即施恩惠于他人。出自《孟子·梁惠王上》："故推恩足以保四海，不推恩无以保妻子。"④好礼：凡事按礼的准则行事。典出《论语·学而》："子贡曰：'贫而无谄，富而无骄，何如？'子曰：'可也。未若贫而乐，富而好礼者也。'"

评议　47

[译文]

处在贫贱中的人,做到磨炼节操、锻炼意志并不难,难的是用真实的感情相待并与"礼"的要求相一致。处在富贵中的人,经常施恩惠于他人并不难,难的是凡事都按礼的准则行事。

簪缨①之士,常不及孤寒之子,可以抗节致忠②;庙堂③之士,常不及山野之夫,可以料事烛理。何也?彼以浓艳损志,此以淡泊全真也。

[注释]

①簪:绾发的簪子。缨:系冠的带子。二者均为古代贵族的冠饰。②抗节致忠:以高尚的节操,表现出忠烈气概。③庙堂:原指宗庙,后多用指朝廷。

[译文]

那些为官为宦、享受国家俸禄的人,在国难临头的时候,反而不如那些社会下层的贫寒之人,能以高尚的情操,表现出忠烈气概;那些官居高位的人,有时料理事情,还不如山野村夫那样清清白白。这是什么原因呢?是因为平素骄奢安逸的生活,大大地磨损了他们的意志,而生活在社会下层的人倒能生性淡泊,品行纯真。

雍荣①旁边辱等待,不必扬扬②;困穷背后福跟随,何须戚戚③?

[注释]

①雍荣:拥有的荣耀。②扬扬:得意之状。③戚戚:忧愁恐惧之状。

[译文]

荣耀旁边就是屈辱的等待,所以,拥有了荣耀也不必得意忘形;贫困潦倒的后边跟随的是福分,那么,何必要因为贫困而忧愁不安呢?

古人闲适处，今人却忙过了一生；古人实受处，今人又虚度了一生。总是耽空逐妄，看个色身①不破，认个法身②不真耳。

[注释]

①色身：即肉身，人因有七情六欲等色法而成之身，谓之色身。②法身：佛教称佛的真身为法身。

[译文]

古人因为看破了红尘而悠闲自得，而今天的人却因看不破而追名求利，忙碌一生；古人实实在在享受了人生的乐趣，现在的人却是虚度一生光阴。这是因为现在的人总是尘情难丢，延耽修身养性，而反复去追求那些虚妄的毫无止境的东西，丢不开真身的欲望，皈依佛门心意不诚的缘故。

芳草无根醴①无源，志士当勇奋翼；彩云易散琉璃脆，达人②当早回头。

[注释]

①醴（lǐ）：醴泉，甘美的泉水。②达人：对人情世故理解得透彻的人。

[译文]

灵芝瑞草没有深的根基，甜美的甘泉源头也不久长，古往今来，杰出的人才不必出自高门，因此有志之人当鼓起生活的风帆，奋力拼搏；天空五彩斑斓的云朵虽然美丽，但风一吹就飘散了，琉璃的器皿光彩晶莹，但脆弱得经不起一点磕碰，世界上没有不散的宴席，物极必反，看透社会人生的人应清醒自警，早早回头。

少壮者当事事用意而意反轻，徒泛泛作水中凫①而已，何以振云霄之翮②？衰老者事事直忘情而情反重，徒禄禄为辕下驹而已，何以脱缰锁之身？

[注释]

①凫（fú）：野鸭。②翮（hé）：鸟羽的茎，也代指鸟翼。

[译文]

人年轻时正是建功立业的时候，事事都要尽心用意做，而有的年轻人不懂这种道理，对工作持马虎应付态度，白白地虚度时光，就像水中的野鸭一样，悠闲自得，没有什么大的志向，凭什么才能冲上云天，做出一番壮举呢？人到老年时事事都应丢得开放得下，摆脱世俗情念，而有些老人们情怀反而更重，这样一生忙忙碌碌，只不过是做车辕下的骡马罢了，怎么才能够解脱开身上的名缰利锁呢？

帆只扬五分，船便安；水只注五分，器便稳。如韩信①以勇略震主被擒，陆机②以才名冠世见杀，霍光③败于权势逼君，石崇④死于财赋敌国，皆以十分取败者也。康节云："饮酒莫教成酩酊，看花慎勿至离披⑤。"旨哉言乎！

[注释]

①韩信（？～前196）：西汉开国功臣，先以功封楚王，因有人密告其谋反，被降为淮阴侯，后为吕后所杀。②陆机（261～303）：西晋著名文学家，曾以文才名重一时，后侍成都王司马颖，官至后将军、河北大都督。后为司马颖所杀。③霍光（？～前68）：西汉人，汉武帝时深得宠信，出入宫廷二十余年，武帝死后，又秉政多年，族党满朝，权倾内外。死后，以其妻谋害宣帝的许皇后事发，被族诛族。④石崇（249～300）：西晋时人，历任散骑常侍、荆州刺史等职。因巨富奢侈无度，后为赵王伦所杀。⑤离披：纷落散乱的样子。

[译文]

行船时，只扬开一半风帆，船便安稳；往水器中注水时，只倒进五分去，水器便能放稳。不知见好就收，留有余地的道理便会吃亏，如历史上韩信就是因为勇识和谋略都使君王感到不安才被捉杀，陆机也是因为他的才气和名望太大而被杀害，霍光的毁灭在于他权势太盛,逼得君主不得不除掉他,而石崇的死,就在于他的财富太多,以至于敢和国力相比。他们这些人都因为做过了头才招致毁灭失败的。大哲人邵雍说:"饮酒莫喝成酩酊大醉,看花切不要一直看到它的凋零。"这话真是说得太好了。

附势者如寄生依木,木伐而寄生亦枯;窃利者如蟥蚵①盗人,人死而蟥蚵亦灭。始以势利害人,终以势利自毙。势利之为害也,如是夫!

[注释]

①蟥蚵(yíng dīng):人肠中的寄生虫。

[译文]

依附权势的人就像树木上寄生的藤萝那样,树木被砍倒后它们也就干枯了;偷窃别人利益的人也就像人肠中的寄生虫那样,人死后这些寄生虫也就活不下去了。才开始以势利害别人,最终因为势利而自取灭亡。势利对人的危害,就是这样的。

失血于杯中,堪笑猩猩之嗜酒①;为巢于幕上,可怜燕燕之偷安。

[注释]

①失血于杯中,堪笑猩猩之嗜酒:唐欧阳询等《艺文类聚》引《蜀志》曰:"封溪县有兽曰猩猩……人以酒取之,猩猩觉,初暂尝之,得其味甘而饮之,终见羁缨也。"失血于杯中,猩猩被人捉住杀以取血(做颜料),是因为它们贪喝酒的缘故。

[译文]

因为贪饮杯中的酒,最终导致被人捉住杀以取血,猩猩如此好喝酒,真是太好笑了;有一种燕鸟,贪图省事,竟然把自己的巢建在人为的大幕上,它处在危险境地还一味偷安,也真使人可怜。

鹤立鸡群，可谓趋然无侣矣。然进而观于大海之鹏，则渺然①自小；又进而求之九霄之凤②，则巍乎莫及。所以至人常若无、若羞，而盛德多不矜不伐③也。

[注释]

①渺然：邈远辽阔的样子。②九霄之凤：南朝梁《昭明文选》载宋玉《对楚王问》："凤凰上击九千里，绝云霓，负苍天，翱翔于杳冥之上。夫藩篱之鷃岂能与之料天地之高哉！"③不矜不伐：不矜，不骄傲，不夸耀。不伐，不自夸耀。典见《尚书·大禹谟》："汝惟不矜，天下莫与汝争能。"又见《后汉书·胡广传》："不矜其能，不伐其劳。"又见《周易·系辞上》："劳而不伐，有功而不德，厚之至也。"

[译文]

鹤若站在鸡群之中，可以称得上是庞然大物，超然出众，无可匹敌。然而要让它进一步去到海边和大鹏比上一比，那么它自然就觉得自己渺小了；假若更进一步去和能飞九霄之上的凤凰比一比的话，就更觉得凤凰大得使它无法相比了。所以，对社会和人生认识透彻的人懂得天外有天的道理，他们觉得自己好像什么也没有，虚怀若谷，超脱自然，清静无为，因而他们即使有极大的功德也不自以为能，自我夸耀。

贪心胜者，逐兽而不见泰山在前，弹雀而不知深井在后。疑心胜者，见弓影而惊杯中之蛇①，听人言而信市上之虎②。人心一偏，遂视有为无，造无作有。如此，心可妄动乎哉！

[注释]

①见弓影而惊杯中之蛇：即杯弓蛇影的故事。东汉应劭《风俗通》："应彬请杜宣酒，杯中如蛇，宣得疾，后于故处设酒，蛇乃弩影耳。"后以此指因疑神疑鬼而自找惊扰。②听人言而信市上之虎：比喻如果传播者多的话，即使谎言也会被看作真事。

[译文]

贪心大的人，只忙于追逐猎物而看不见泰山就在前面，自己马上就要撞到山石上去；只顾用弹弓射雀而不知深井就在旁边，自己马上就会掉下去。疑心太大的人，看见酒杯中的弓影就以为杯中有蛇而惊吓成病，听人传言就相信街市上真的有了老虎。可见人心要是偏了，就会把有看成无，把无看成有。如此说来，人心难道是可以随便妄动的吗？

蛾扑火，火焦蛾，莫谓祸生无本①；果种花，花结果，须知福至有因。

[注释]

①本：草木的根或茎，引申为事物的根源或根基。

[译文]

飞蛾扑火，结果被火烧得灰飞烟灭，不要说一切灾祸的发生没有根源；果实种在地下，发芽开花，然后又结出果实来，由此可知一切福分的来临也都是事出有因。

车争险道，马骋先鞭，到败处未免噬脐①；粟喜堆山，金夸过斗，临行时还是空手。

[注释]

①噬脐：自己咬自己的肚脐，指无法办到的事，后多以此比喻后悔已晚。

[译文]

本来已是险道，车辆还要你争我抢地争着通过，马已经跑得飞快，骑手还要再去鞭打，这都是很危险的，等到酿成灾祸时想挽救也像自咬肚脐一样办不到了，后悔也就来不及了；家里的粮食堆成山，黄金用斗量，但到临死的时候还是赤条条的，一样也带不去。

花逞春光，一番雨，一番风，催归尘土；竹坚雅操，几朝霜，几朝雪，傲就琅玕①。

[注释]

①琅玕（láng gān）：指似珠玉的美石。典见《尚书·禹贡》："厥贡惟球、琳、琅玕。"孔颖达疏："琅玕，石而似珠者。"

[译文]

鲜花在春光中争奇斗胜，但是好景不长，几番风雨过后它就凋零飘落得满地都是；而竹子因为有坚定高雅的情操，孤高节直，尽管经历了众多的风霜雪雨的考验，但仍能傲然的像琅玕一样坚韧挺拔。

富贵是无情之物，看得至重，它害你越大；贫贱是耐久之交，处得至好，它益你反深。故贪商於而恋金谷①者，竟被一时之显戮；乐箪瓢而甘敝缊②者，终享千载之令名。

[注释]

①贪商於而恋金谷：《史记·楚世家》记载：张仪对楚怀王说，楚国如果能同齐国断交，秦国将送给楚国商於之地六百里。楚王听信后即与齐断交，但当派人去秦受地时，张仪却一口咬定只有六里。楚怀王怒而起兵伐秦，兵败后被秦扣留，最后死在秦国。金谷即金谷园，晋朝时石崇所建，当时为天下名园，故址在今河南洛阳东北。②乐箪（dān）瓢：即一顿吃一箪饭，喝一瓢水，却非常乐观。箪，竹制或苇制的盛器。甘敝缊（yùn）：甘心穿破衣烂衫。敝缊，破旧丝绵。此二典见于《论语·雍也》与《论语·子罕》。

[译文]

富贵是最无情义的东西，你把它看得越重，它把你害得也越狠；而贫贱却是可以长久交往的朋友，你和它相处得好，它会使你受益很大。所以，人不能贪心，当年楚怀王因为贪图秦国的六百里商於之地，导致悲惨下场，石崇也因为贪恋富贵荣华修建了金谷名园，他们最后居然都是因一时的显赫而招来了杀身之祸；而那些像颜回一顿只能吃上一箪饭，喝上一瓢水，勉强充饥却又非常达观，甘心穿破衣烂衫的贤人哲士，最终却能享有千年的美名。

鸰①恶铃而高飞，不知敛翼而铃自息；人恶影而疾走，不知处阴而影自灭。故愚夫徒疾走高飞，而平地反为苦海；达士知处阴敛翼，而巉岩②亦是坦途。

[注释]

①鸰（líng）：鹡鸰，一种鸟。②巉（chán）岩：险峻的山岩。

[译文]

鹡鸰讨厌人们挂在它身上的铃铛，想向高处飞以求摆脱，它不知道如果收敛了双翅不再飞行，铃声自然也就不响了；愚钝的人厌恶自己的影子而快步奔跑想摆脱它，竟然不知道站在阴暗的地方而影子自然也就没有了。所以，那些愚钝的人白白地耗费精力忙碌无为，致使他们本来很好的处境变成了一片苦海；聪明智慧、通达事理的人知道处于暗处收敛羽翼，这样，即使遇到了再艰险的人生之路，对他们来说也是平坦的大道。

秋虫春鸟共畅天机①，何必浪生悲喜？老树新花同含生意，胡为妄别媸妍？

[注释]

①天机：天赋的灵性。

[译文]

秋虫悲鸣，春鸟欢唱，这都是共同地尽情抒发它们的天性。作为人来讲，何必为它们的命运随便生出无端的悲喜来呢？老树枯枝虬干，新花含苞待放，它们体内都含着勃勃的生机。人们为什么要胡乱地区别他们哪个丑陋，哪个娇美呢？

多栽桃李少栽荆，便是开条福路；不积诗书偏积货，还如筑个祸基。

[译文]

为人处世，多栽花，少栽刺，这就为自己开了一条福路；不去熟读诗书，反去积蓄财货，这就像为自己和后代打下了灾祸的基础。

万境一辙，原无地著个穷通；万物一体，原无处分个彼我。世人迷真逐妄①，乃向坦途上自设一坎坷，从空洞中自筑一藩篱，良足慨哉！

[注释]

①迷真逐妄：对真理蒙昧不解，反去追求虚幻空妄的事物。

[译文]

世界上，许许多多的事物如出一辙，原本就没办法说个清楚明白；万事万物连在一起，原本也就没有办法分个你是我非。但有些人不懂这些，对真理蒙昧不解，反过来去追求那种虚幻空妄的事物，这就像是在本来很平坦的大道上自己为自己设了一道障碍，本来可以通过的地方反去筑了一道围栅，这种自寻烦恼、自讨罪受的做法，真足以使人很好地慨叹一番了。

大聪明的人，小事必朦胧；大懵①懂的人，小事必伺察。盖伺察乃懵懂之根，而朦胧正聪明之窟也。

[注释]

①懵（měng）：糊涂。

[译文]

大聪明的人，对待小事必须模糊一些；而大糊涂的人，却会对小事追究不休。原来伺察小事就是他糊涂的根子，而对小事糊涂一些也正是聪明之所在啊。

大烈鸿猷①，常出悠闲镇定之士，不必忙忙；休征景福②，多集宽洪长厚之家，何须琐琐③？

[注释]

①大烈：伟大的功业。鸿猷：重大的谋划。②休征：吉祥的征兆。景福：大福。③琐琐：卑微细小貌。

[译文]

伟大的功业和重大的谋划，经常出现在那些神情悠闲、轻松镇定的人中间，所以世人处事不必那么忙乱；吉祥的兆头和大福大贵，也经常光临那些宽宏大量、和睦敦厚的家庭，所以，居家过日子又何必为那些卑微细小的琐碎事而吵闹不休呢？

贫士肯济人，才是性天①中惠泽；闹场能学道，方为心地②上工夫。

[注释]

①性天：即天性，天赋予人的本性。②心地：佛教认为心能生出一切事物和现象，如同地能生长万物，故称心为心地。

[译文]

贫穷的人愿意接济帮助别人，这才是人性里面的恩泽；在喧嚣的尘世能够潜心修道，这才称得上思想修养上的真功夫。

人生只为欲字所累，便如马如牛听人羁络，为鹰为犬任物鞭笞。若果一念清明，淡然无欲，天地也不能转动我，鬼神也不能役使我，况一切区区事物乎？

[译文]

人活在世上，要是受了一个"欲"字的牵累，那就像马牛被上了笼头和缰绳一样，终生为人役使，像被人豢养的鹰犬一样任凭呵斥鞭抽。反过来，假若真的一个念头清楚明白，淡泊自然，无私无欲，那么，天地鬼神都对我没有任何办法，又何况一些小事呢！

贪得者身富而心贫，知足者身贫而心富，居高者形逸而神劳，处下者形劳而神逸，孰①得孰失，孰幻孰真，达人当自辨之。

[注释]

①孰：谁，哪个。

[译文]

贪得财富的人，他们虽然物质生活上很富裕，但他们的精神生活空虚，对物质条件要求不高的人虽然生活贫困一些，但是精神世界很充实；位居高位的人看他们的样子很安逸自在，但是心神劳累，地位低下出苦力的人看他们肉体疲劳但精神却很安闲舒畅。比较起来，谁得到的多，谁失去的多，哪一个空虚，哪一个实在，通达世理的人应当自己分辨清楚。

众人以顺境为乐，而君子乐自逆境中来；众人以拂意①为忧，而君子忧从快意处起。盖众人忧乐以情，而君子忧乐以理也。

[注释]

①拂意：与自己的意愿相悖。

[译文]

一般人都把人生的顺利作为快乐，然而有道德有水平的人，他们的高兴是在不顺利的时候；一般人把与自己心愿相悖的事作为烦忧，而有修养有水平的人，他们的忧虑是在快乐的时候产生的。这是因为一般人的忧乐受感情支配，而有修养的人的忧乐是从理智出发的。

谢豹覆面①，犹知自愧；唐鼠易肠②，犹知自悔。盖"悔愧"

二字，乃吾人去恶迁善之门，起死回生路也。人生若无此念头，便是既死之寒灰，已枯之槁木矣，何处讨些生理？

[注释]

①谢豹覆面：唐段成式《酉阳杂俎》："虢州有虫名谢豹……小类蛤蟆而圆如球。见人以前两脚交覆首如羞状。"②唐鼠易肠：《梁州记》："婿水北婿乡山，山有易肠鼠，一月三吐易其肠。束广微所谓唐鼠者也。"

[译文]

谢豹这种虫子，看见人后用两足捂面，还知道自己惭愧；唐鼠一月之内三吐其肠，也还算自己知道后悔。"愧"和"悔"这两个字，是我们这些人去除假恶丑，接近真善美的大门，是使人改正邪恶，保持纯洁人性的通路。人生在世上，要是没有了愧悔这个念头，那就像是一堆早已灭了火种的灰烬，已经干枯了的树木，怎能让它起死回生呢？

异宝奇琛①，俱是必争之器；瑰节琦②行，多冒不祥之名。总不若寻常历履，易简行藏③，可以完天地浑噩④之真，享民物和平之福。

[注释]

①琛（chēn）：珍宝。②琦：卓异，美好。③易简行藏：平易简单的行止。④浑噩：浑厚质朴、严肃正大的样子。

[译文]

那些举世罕见、价值连城的珍珠宝藏，必定是人们你争我夺的东西；那些高尚的节操和美好的行动，人们常不理解，所以还要冒不祥的罪名。因此，这些都比不上那些平平常常的经历、平易简单的出身淳朴自然，能够保持远古时代那种深厚质朴的纯真，能够享受那种万物祥和、安居乐业的乐趣。

福善不在杳冥①，即在食息起居处牖其衷②；祸淫不在幽渺，即在动静语默间夺其魄。可见人之精爽③常通于天，天之威命即寓于人，天人岂相远哉！

[注释]

①杳冥：辽远无际之处。②牖其衷：启迪真心。③精爽：精神、灵魂。

[译文]

老天把福善降给人类，不在辽远无际的地方，而是在日常活动之中就启迪人的善心；人们招致大祸也不是不明不白的，就在一动一静、谈话沉默中间就把人的意志勾过去了。由此可见，人的精神常和天意相通，天的威力和报应也都在于人的日常表现，天和人相距得难道远吗？

闲 适

昼闲人寂，听数声鸟语悠扬，不觉耳根尽彻；夜静天高，看一片云光舒卷，顿令眼界俱空。

[译文]

白日清闲，人声寂静的时候，静听鸟语欢歌，不知不觉耳根就感到清静了，心灵也受到净化。夜深人静，天高云淡，看朵朵白云，在天空自由自在地遨游，顿时令人眼光空灵、心旷神怡。

世事如棋局，不著的才是高手；人生似瓦盆，打破了方见真空①。

[注释]

①真空：佛教认为一切事物和现象都是虚幻的，把脱离了一切世事的羁绊称为真空。

[译文]

世界上的事情犹如棋局一样，只要介入了，就有胜有败，当局者迷，旁观者清，所以，从不介入，站在一旁观人争斗的才是真正的高手；人生就像瓦盆，弃之可惜，但只有打破了才能见到真正空无。（人生扰扰，打破才见真空，还算是了悟者。甚而至于打破了仍然懵懂，这才真让人无可如之何了。）

龙可豢①，非真龙；虎可搏，非真虎，故爵禄可饵荣进之辈，必不可笼淡然无欲之人；鼎镬②可及宠利之流，必不可加飘然远引之士。

[注释]

①豢：喂养，比喻收买利用。②鼎镬（dǐng huò）：古代的一种烹饪器具，也被统治阶级用来作为烹人的酷刑。

[译文]

龙如果可以被喂养，那就不是真正的龙；虎如果可以和它面对面搏斗，那也不是真正的老虎。所以官职利禄可以作为鱼饵，吸引那些虚荣进取的人，必然笼络不住那些生性淡泊、没有功名欲望的人；鼎镬这种酷刑也只能够加在那些追名逐利、涉足官场的人的身上，但不能加在那些生性淡泊、远离世俗纠纷、如闲云野鹤一样的人的身上。

一场闲富贵，狠狠争来，虽得还是失；百岁好光阴，忙忙过了，纵寿亦为夭。

[译文]

富贵本是身外之物，如果为了得到它而不择手段，虽然得到了但却失去做人最根本的东西；人生百年的大好时光，如果在碌碌无为中度过，纵然长命百岁，那又和夭亡的人有什么两样？

高车嫌地僻，不如鱼鸟解亲人；驷马①喜门高，怎似莺花能避俗。

[注释]

①驷马：古代一车套四匹马，所以称一车所驾之四马或者驾四马之车为驷。和上句合起来为高车驷马，为古时显贵者的车乘。

[译文]

那些乘坐高车驷马的显贵们，他们喜欢奔走于名门望族之中，而不会到那些隐居僻野的贤士家中，所以，和这些人结交，还不如养一些鸟鱼来与人亲近，奔走于那些高门楣的官宦人家，哪里如到大好的春光中去听莺鸣闻花香而陶冶情操，远离世俗呢？

红烛烧残，万念自然灰冷；黄粱梦破①，一身亦似云浮。

[注释]

①黄粱梦：唐沈既济《枕中记》载：卢生在邯郸客店遇道士吕翁，生自叹穷困，翁探囊中枕授之曰：枕此当令子荣适如意。时主人正蒸黄粱（即黄小米）。生于枕上梦中，享尽荣华富贵，醒时，小米饭还没熟，怪曰："它其梦寐耶？"翁笑曰："人世之事亦就是矣。"后便以黄粱梦比喻虚幻的事和不能实现的欲望。

[译文]

在红烛烧残、夜深人静之时，想想白天的熙熙攘攘、忙忙碌碌，深刻反思一下，有多少有用功，又有多少是庸人自扰，一切尘世的俗念欲望自然会凉了下来；等到黄粱梦醒、红尘看破、回首如烟如梦的人生的时候，始觉人力之微如帝力之大，人生天地间和飘浮的白云又有什么本质区别呢！

千载奇逢，无如好书良友；一生清福，只在碗茗炉烟①。

[注释]

①碗茗炊烟：品着茶，看着袅袅上升的炊烟，比喻宁静闲适的生活。碗茗，茶碗。

[译文]

千年难以碰到的好事情，比不上读了一本好书，交了一位知心朋友；一生宁静闲适的清福，只可在看着袅袅炊烟，细品浓浓香茶中尽享。

蓬茅下诵诗读书，日日与圣贤晤语，谁云贫是病？樽罍①边

闲适　63

幕天席地，时时共造化氤氲②，孰谓醉非禅③？

[注释]

①樽罍（zūn léi）：古时的酒器，盛行于商、周时代。②氤氲（yīn yūn）：中国古代哲学术语，本意指阴阳二气交会和合之状，此指阴阳二气的聚散变化，万物由相互作用而变化生长。③禅：佛教语。原指静坐默念，引申为禅理、禅法、禅学，此处为静坐敛心无杂念。

[译文]

住在茅草屋里面，只要诵读诗书，就像是天天都能与圣贤见面和对话，那么，谁能说贫寒就是病呢？到野外，以天为幕，以地为席，饮酒尽欢，全然融化在大自然中，与阴阳二气共同流转运化，那么，谁能说酒酣微醉、物我化一不是一种禅的境界呢？

兴来醉倒落花前，天地即为衾枕；机息①坐忘磐石上，古今尽属蜉蝣②。

[注释]

①机息：即机心止息。犹忘机。②蜉蝣（fú yóu）：一种小昆虫，其成虫的生存期极短，最长的约一周，一般均朝生暮死，古人常以之比喻生命的短促。这里比喻时间短暂。

[译文]

高兴起来就尽情喝酒，开怀畅饮，喝醉后就躺在花草丛中，盖着天，枕着地；醒来时坐在山间的大石头上，完全抛弃那些投机取巧的想法和欲念，这样才能体会到从古到今人的一生就像蜉蝣的一生是那么的短暂。

昂藏①老鹤虽饥，饮啄犹闲，肯同鸡鹜②之营营③而竞食？偃蹇④寒松纵老，丰标自在，岂似桃李之灼灼⑤而争艳？

[注释]

①昂藏：仪表雄伟，器宇不凡貌。②鹜（wù）：即鸭子。③营营：往来

奔跑的样子。④偃蹇(yǎn jiǎn):弯曲。⑤灼灼(zhuó):色彩鲜艳。

[译文]

气度轩昂的老鹤虽然也很饥饿,但它饮水吃食时仍悠闲自然,从容不迫,风度不减平时,难道它肯轻易降低自己的身份,像鸡鸭那样往来奔跑去争食吗?枝干遒劲弯曲的松树纵然已经老逾千年,但它的风姿仍存,难道它肯为了一时的争艳斗奇,而像那些春天的桃李之花那样耀人眼目吗?

吾人适志于花柳烂漫之处,得趣于笙歌腾沸之处,乃是造化之幻境,人心之荡念也。须从木落草枯之后,向声稀味淡之中,觅得一些消息,才是乾坤的橐籥①,人物的根宗②。

[注释]

①橐籥(tuó yuè):古代冶炼鼓风用的器具。皮制,橐是鼓风器,籥是送风用的管子。此喻指本源。②根宗:最根本的宗旨和指导思想。

[译文]

我们有些人习惯于在花柳烂漫、春光明媚的时候畅情得志,从轻歌曼舞中获得乐趣,其实,这都是自然创造化育出的虚幻之景,是人心浮满产生的念头。只有经过秋风萧瑟,严霜满地,草木凋零的时候,在人迹稀少和淡泊无味之中,找寻探求到一些大自然的生灭盛衰的规律,这才算找到天地间生生息息的自然规律,为人处物的根本宗旨。

静处观人事,即伊、吕之勋庸①,夷、齐之节义②,无非大海浮沤;闲中玩物情,虽木石之偏枯,鹿豕之顽蠢,总是吾性真如③。

[注释]

①伊:伊尹,商朝的开国元勋,帮助汤攻灭夏桀。吕:吕尚,即姜子牙,周朝开国元勋,辅佐武王灭商有功。勋庸:功勋和业绩。②夷:伯夷。齐:叔

齐。二人是商末孤竹君的两个儿子。周武王伐纣时，二人曾叩马谏阻，武王灭商后，二人耻食周粟，双双逃到首阳山饿死。节义：节操和义气。③吾性真如：佛教认为，心生万法，一切事物和现象，尽心所生。宇宙这种万有的本性，就为真如。

[译文]

心平气静的时候观察古往今来人世的更迭，就是伊尹、吕尚那样的功勋和业绩，伯夷、叔齐那样的节操与义气，也无非就像大海中海浪涌起的泡沫一样，转眼就无影无踪了；在悠闲自在的时候体味一切事物的情态，树木有枯枝，石头有残缺，鹿的愚顽，猪的粗笨，这毕竟都是宇宙间万物与生俱来的固有的本性啊。

花开花谢春不管，拂意①事休对人言；水暖水寒鱼自知，会心处还期独赏。

[注释]

①拂意：这里指不得意，不顺心。

[译文]

花何时开，花何时落，春天是不理睬的，这是大自然的规律，所以，不要轻易向别人谈起自己不顺心的事；水暖也好，水寒也罢，生活在水中的鱼儿自己知道，遇到会心合意的地方还是期望独自欣赏。

闲观扑纸蝇①，笑痴人自生障碍；静观竞巢鹊②，叹杰士空逞英雄。

[注释]

①扑纸蝇：扑向捕蝇纸的苍蝇。②竞巢鹊：意即竞相筑巢之鹊。典出《诗经·召南·鹊巢》："维鹊有巢，维鸠居之。"鸤鸠并不自己筑巢，反而占据喜鹊所筑的巢。

[译文]

闲的时候观察一下那一个劲儿往捕蝇纸上面撞的苍蝇,它不知绕开飞行,就像世上一些"痴人",自己为自己制造障碍一样地可笑;细细观察喜鹊竞相筑巢,反而被鸱鸠占去,这和英雄豪杰的盖世功勋最终为别人窃取利用,又有什么两样呢?

看破有尽身躯,万境之尘缘①自息;悟入无怀②境界,一轮之心月独明。

[注释]

①尘缘:佛教以色、香、味、声、触、法为六尘,六尘又为心之所缘(心的作用的对象),故曰尘缘。②无怀:即无为,道家的哲学思想,即顺应自然的变化之意。老子认为宇宙万物的根源是"道",而"道"是"无为"而"自然"的,人效法"道",也应以"无为"为主。

[译文]

人在世上,要是看破了红尘,知道人生有涯,空手而来、空手而去的道理,对功名利禄、万事万物的追求欲念自然就止息了;如果能够领悟并进入到清静无为的精神境界,那就像在心中升起了一轮明月,就再也不会迷失本性了。

土床石枕冷家风,拥衾时梦魂亦爽;麦饭豆羹淡滋味,放箸处齿颊犹香。

[译文]

睡着土床,枕着石枕,甚至屋里门窗不严,时而还有冷风吹进来,但只要心里没有牵挂,盖上被子照样做香甜爽快的梦;麦仁豆羹一类的农家便饭,比起山珍海味来味道虽淡,但只要安贫乐道,放下筷子时还会觉得满口生香,回味无穷。

谈纷华①而厌者,或见纷华而喜;语淡泊而欣者,或处淡泊而厌。须扫除浓淡之见，灭却欣厌之情，才可以忘纷华而甘淡泊也。

[注释]

①纷华：繁华富丽，荣耀。

[译文]

谈起繁华富丽就厌恶的人，或许见了繁华富丽会很高兴；说起恬淡寡欲如何如何欣喜的人，或许让他处于淡泊寂静的环境中，他会感到很厌烦。所以，必须扫除什么是浓，什么是淡的看法，清除高兴和厌烦的心情，无悲无喜，无忧无虑，无牵无挂，无为无欲，这样，才可以算得上真正忘掉了尘世的繁华和荣耀，而甘心恬淡寡欲的生活。

鸟惊心，花溅泪①，怀此热肝肠，如何领取得冷风月。山写照，水传神②，识吾真面目，方可摆脱得幻乾坤。

[注释]

①鸟惊心，花溅泪：出自唐杜甫《春望》一诗中的"感时花溅泪，恨别鸟惊心"。花溅泪，言花上溅滴愁人的泪；鸟惊心，言鸟鸣惊动愁人的心。②山写照，水传神：《晋书·顾恺之传》："（恺之）尤善丹青……恺之每画人成，或数年不点目睛。人问其故，答曰：四体妍蚩，本无阙少妙处；传神写照，正在阿堵中。"传神写照，谓传其精神，摹其神韵。原本指画人物，后世推及于山水诸方面。

[译文]

听到鸟叫就动感情，看到落花就流眼泪，有这样的一副热心肠，怎么能够感受到清风明月这类美好自然景色中的神韵呢？作画时，以画出山的气势、水的精神来比拟人格和品德，假如真能察悟宇宙间的一切现象和本质，这才真是摆脱了虚幻的天地，恢复了人的灵性。

富贵的一世宠荣，到死时反增了一个"恋"字，如负重担；

贫贱的一世清苦，到死时反脱了一个"厌"字，如释重枷。人诚想念到此，当急回贪恋之首，而猛舒愁苦之眉矣。

[译文]

富贵的人一生骄纵荣耀，死到临头时反而加重了对世上的贪恋，就像挑着一副沉重的担子告别人生；而贫穷低下的人一生受尽了清苦，到死的时候反而是脱离了对世界的厌倦，就像一下子被打开了长时间套在身上的枷锁一样，获得精神自由，无忧无虑地死去，人如果真的能想到这一步，应当赶快回过头来，戒除贪恋之心，再也不要因为穷困潦倒而愁眉苦脸了。

人之有生也，如太仓①之粒米，如灼目之电光，如悬崖之朽木，如逝海②之巨波。知此者如何不悲，如何不乐，如何看他不破而怀贪生之虑？如何看他不重而贻③虚生之羞。

[注释]

①太仓：古代京城里存储粮食的官仓。②逝海：流向大海。③贻：遗留、留下。

[译文]

人的生命，就好像是大粮仓里的一粒米，像在天空一划而过的闪电，像悬崖上边一株干枯的树木，像消失在大海中的一个巨浪。看透了这一点的人怎么能不因生命短暂而悲伤，怎么能不因悟透人生而高兴，怎么能看透而不看破人生而怀着贪生的念头，又怎么能还要不看重悠闲自得清静无欲的人生而碌碌无为，到头来白白留下虚度一生的愧悔。

鹬蚌相持①，兔犬共毙②，冷觑③来令人猛气全消；鸥凫共浴，鹿豕同眠④，闲观去使我机心顿息。

[注释]

①鹬蚌相持：即鹬蚌相争，渔翁得利的故事。比喻双方相持不下，结果两败俱伤，让第三者得利。②兔犬共毙：《史记·越王勾践世家》：范蠡自齐遗大夫种书曰："蜚鸟尽，良弓藏；狡兔死，走狗烹。"比喻事成被弃。③冷觑：冷眼观看。④鸥凫共浴，鹿豕同眠：鸥与凫、鹿与豕虽不同类，但彼此互不伤害，和睦相处。

[译文]

鹬蚌相争，最后是渔人得利，"狡兔死，走狗烹"，冷眼细看人世间的这些事情，使人心灰意冷勇气全无；鸥鸟和野鸭在一个池塘里洗浴嬉戏，鹿和猪也能生活在一起，它们和睦相处，互不伤害，闲暇的时候仔细一想，自己投机取巧、奸诈欺骗的心思也都全部消失了。

迷则乐境成苦海，如水凝为冰；悟则苦海为乐境，犹冰涣作水。可见苦乐无二境，迷悟非两心，只在一转念间耳。

[译文]

如果执迷不悟，那么乐境也会变成苦海，就像水凝成冰块一样；如果能领悟到人生的真谛，那么即使处在苦海之中，也会变成乐境，就像冰块消融成水一样。由此可见，苦与乐、执迷与彻悟本身没有什么区别，只是在于人的一转念之间罢了。

遍阅人情，始识疏狂之足贵；备尝世味，方知淡泊之为真。

[译文]

看遍了世间人情，才认识到粗犷豪放直率品质的可贵；尝尽了人世上的苦辣酸甜，才知道恬淡寡欲、宁静淡泊的纯真。

地阔天高，尚觉鹏程①之窄小；云深松老，方知鹤梦之悠闲。

[注释]

①鹏程：常以鹏程比喻前途远大，这里则指空间广阔。鹏，传说中的大鸟。

[译文]

知道了地之广阔，天之高远，就会觉得即便是一飞万里的鹏程在天地间也是狭小不值一提的；隐居山林，在白云深处与老松为伴，才知道鹤是那么的自在悠闲。

两个空拳握古今，握住了还当放手；一条竹杖担风月①，担到时也要息肩②。

[注释]

①风月：清风明月，指美好的景色。②息肩：歇肩。

[译文]

用两个空拳来把握古今之事，即使觉得握住了也不可太偏执，得放手处须放手；用一条竹杖挑起清风明月的美好景色，即使良辰美景，也不要沉醉迷恋，该歇肩时必歇肩。

阶下几点飞翠落红，收拾来无非诗料；窗前一片浮青映白，悟入处尽是禅机①。

[注释]

①禅机：佛教禅宗和尚谈禅说法时，用含有机要秘诀的言辞、动作或事物来暗示教义，使人得以融机领悟，故名禅机。此条便极富禅理。禅理通诗理，禅语寓诗意。所以如此，关键有二：一是理一分殊，二是自性缘起。唐永嘉大师云："一月普现一切水，一切水月一月摄。"意即诸相归于一理，一理分殊诸相。明紫柏尊者进一步发挥云："散一物为万物，如皓月在天，影临万水也；卷万物为一物，如影散万川，一月所摄也。"此条便富有这种禅机和诗意。

[译文]

台阶下，春风吹落了几片花瓣叶片，也不要太伤感，这无非是一点作诗的素材罢了,落花流水春去也,大自然的规律谁也不能阻挡得了的;窗前花木丛中,一片浮青映白的皎洁月光,使人因境触发,心清气爽,从而对修身养性的高深道理有所理解。

忽睹天际彩云,常疑好事皆虚事;再观山中古木①,方信闲人是福人。

[注释]

①山中古木:《庄子·山木》:"庄子行于山中,见大木,枝叶盛茂。伐木者止其旁而不取也。问其故,曰:'无所可用。'庄子曰:'此木以不材得终其天年。'"

[译文]

天边那五彩斑斓的云霞,煞是好看,忽然一阵清风吹过,转眼间它就无影无踪了,目睹这一景象,常使人怀疑那些好事都是些虚幻之事,不能长时间存在;再看那山中的古木,因其不成材,无所可用而得以保存至今(成材者早已被伐取而不复存在),由此才使人相信,那些无甚才干、无所事事、无所作为的闲人才是真正有福气的人。

东海水,曾闻无定波,世事何须扼腕①;北邙山,未省留闲地②,人生且自舒眉。

[注释]

①扼腕:用手握腕,表示情绪的激动、振奋或惋惜。②北邙山,未省留闲地:北邙山,在今河南洛阳北,黄河南沿。洛阳为九朝古都,自东汉始,有生于苏杭,葬于北邙之说,故历代王侯公卿多葬于此,因此坟陇密集重叠。历代诗人咏此者甚多。这里暗示人生都不免一死。

[译文]

东海之水波涛起伏,从来没有平静过,但波浪从无定形。世界上的事情也是如此,那么,何必要为一些事的成败而高兴激动或扼腕叹息呢?洛阳北郊的邙山,密密麻麻布满了坟墓,没有一点闲地,自古以来，多少王公贵族都葬在这里。人生都不免一死，活着的人又有什么想不开呢？

天地尚无停息，日月且有盈亏，况区区人世，能事事圆满，而时时暇逸乎？只是向忙里偷闲，遇缺处知足，则操纵在我，作息自如；即造物①不得与之论劳逸，较亏盈矣。

[注释]

①造物：古谓天造万物，故以造物指天。

[译文]

天地宇宙没有停止运转，太阳有阴有晴，月亮有圆有缺，何况小小的人世间，哪里能事事圆满，时时都安闲自在，称心如意呢？只要能做到忙里偷闲，缺处知足，那么，人生的航向操纵权全在自己手里，劳作休息自由自在，就是作为造物主的老天来说，也不能与我谈论计较劳逸亏盈的事。

霜天闻鹤唳，雪夜听鸡鸣，得乾坤清纯之气①；晴空看鸟飞，活水观鱼戏，识宇宙活泼之机。

[注释]

①清纯之气：清静纯正之气。

[译文]

在辽阔霜天听鹤引吭高歌，在瑞雪纷飞的黎明听雄鸡一唱天下，得到天地间的清正纯洁之气，能戒除私欲，心里发出善念；晴朗的天空中看百鸟高飞，清澈的河水中观群鱼嬉戏，从而意识到天地万物之中存在的勃勃生机。

闲烹山茗听瓶声①，炉内识阴阳之理②；漫履楸枰③观局戏，手中悟生杀之机。

[注释]

①听瓶声：听瓶内水沸之声。瓶，古代煎茶的陶器。②阴阳之理：阴指瓶中之水，阳指炉内之火。③履：行走。楸枰：楸木所制的棋盘。

[译文]

闲暇无事时，坐在火炉旁边自己烹制新鲜的山茶，听到瓦罐中那扑扑的水沸声，也能从中悟出阴阳相生的道理；坐观棋局，注意力随着下棋的人的行棋转移，猛然悟出，在他们的手中，不也是掌握着生杀大权吗？

芳菲①园圃看蜂忙，觑破几般尘情世态；寂寞衡茅②观燕寝，引起一种冷趣幽思。

[注释]

①芳菲：指花草美盛芬芳。②衡茅：以横木作门，以茅草盖顶，指非常简陋的房屋。

[译文]

在百花盛开的园圃里，看蜜蜂忙着采蜜，它们往来穿梭于花丛之中，到头来只是为别人奔忙，从这中间也能看出人世间的一些情态；在僻静简陋的茅舍中观察眷恋旧巢的燕子，引起人一种清冷的情趣和深沉的幽思。

会心①不在远，得趣不在多；盆池拳石间，便居然有万里山川之势；片言只语内，便宛然见千古圣贤之心，才是高士的眼界，达人的胸襟。

[注释]

①会心：即心里独有领会。《世说新语》："简文入华林园，顾谓左右曰：'会心处不必在远，翳然林水，便自有濠、濮间想也。觉鸟兽禽鱼自来亲人。'"

[译文]

能引起心意相通的事情不在远近，能使人得到旨趣的话语也不在多少，关键在于能够心领神会；人工制作的小不盈尺的假山盆景，也会有万里山川之势；简短的一二句话语，也能清清楚楚地洞察到千古圣贤的思想情感。能达到这种境界，才真是具有了才智高超之士的眼界和通达古今事理之人的胸怀。

心与竹俱空，问是非何处著脚？念同山共静，知忧喜无由上眉。

[译文]

人心假如能同竹子那样都是空的，没有私欲杂念，那么，是非之念在哪里还能站得住脚呢？意念同山野一样清静自然，那就知道人世上的一切忧愁喜乐都不必放在心里，挂在脸上了。

趋炎①虽暖，暖后更觉寒威；食蔗能甘，甘余便生苦趣。何似养志于清修②，而炎凉不深；栖心于淡泊而甘苦俱忘，其自得为更多也。

[注释]

①趋炎：附在火旁取暖，一般指阿谀附势权贵。②清修：佛教指在家带发修行，至操行洁美。

[译文]

靠近火堆虽然觉得挺暖和，但是离开了火堆旁就更觉得寒冷的威胁；甘蔗吃起来很甜，但吃过后口里又会生出一种苦味。由此可见，一心奔走权门或依附于有势的人，哪里比得上闭门家中，潜心修身养性，争权夺利、钩心斗角这类冷热的事情从不靠边；安心过恬淡寡欲的生活，就会忘掉世间的一切宠辱甘苦，这样得到的会更多一些。

席拥飞花落絮，坐林中锦绣团茵①；炉烹白雪清冰，熬天上玲珑液髓②。

[注释]

①团茵：即圆形的坐褥。茵，垫子或褥子。②玲珑：空明状。液髓：液体之精华。

[译文]

在大好春光中，置身于纷纷扬扬的飞花落絮之中，就像坐在山林中的锦绣坐垫上一样赏心悦目，舒服自在；冬天关上屋门，搞一些一尘不染的冰雪放在炉子上煮开烹茶，闻到满屋的茶香，看着袅袅的水蒸气，熬的冰雪正是天上的玲珑液髓，这是多么的惬意舒服啊。

逸态闲情，惟期自尚①，何事外修边幅？清标②傲骨，不愿人怜，无劳多费胭脂。

[注释]

①自尚：自我欣赏。②清标：清高的人格。

[译文]

悠闲的情态逸致，只要自己欣赏，并感到自我满意就可以了，为什么外表上还要着意打扮一番？只要有清高的品质和人格，不需要别人怜爱，也就不需要梳妆打扮，涂脂抹粉。

天地景物，如山间之空翠，水上之涟漪①，潭中之云影，草际之烟光，月下之花容，风中之柳态：若有若无，半真半幻，最足以悦人心目而豁人性灵，真天地间一妙境也。

[注释]

①涟漪：水中的波纹。

[译文]

　　天地之间的景物,如山野的空旷葱郁,河水的细小波纹,潭面上映出的云影,草原边际的云烟,月光下的朦胧花容,春风中杨柳的婀娜多姿:这些景色一会儿像有,一会儿又像无,说不清是真是假,就最使人赏心悦目,从而开阔人的性情灵感和良知,这些看似平常的景色,实际上却是天地间的一大妙境啊。

　　乐意相关禽对语,生香不断树交花,此是无彼无此的真机①。野色更无山隔断,天光常与水相连,此是彻上彻下的真境。吾人时时以此景象注之心目,何患心思不活泼,气象不宽平?

[注释]

①真机:自身本原的关键。

[译文]

　　鸟儿一对一答,乐意相连,树木传花接粉生香不断,它们不分彼此,不分你我,友好相处,这是相互友好的真正关键。一望无际的田野景色,没有山峦相隔,一望无际的水面,水色与天际相连,这是真正的美景。我们时常心里想着这番景象,心胸开阔豁达,还怕思维不活跃,气质不宽广祥和吗?

　　鹤唳①雪月霜天,想见屈大夫②醒时之激烈;鸥眠春风暖日,会知陶处士③醉里之风流。

[注释]

①鹤唳:即鹤的鸣叫。②屈大夫:即屈原(约前340~约前278),战国晚期楚国伟大的文学家,曾做过三闾大夫。学识渊博,爱国忧民,后遭谗去职。他看到楚国的政治腐败,深感政治理想无法实现,无力挽救楚国的危亡,投汨罗江而死。所著《渔父》中,屈原答渔父曰:"众人皆醉而我独醒。"③陶处士:即陶渊明(365或372或376~427),东晋杰出文学家,曾官江州祭酒、镇

军参军、彭泽令等职,因不满当时士族把持政权的黑暗现实,最后去职归隐。

[译文]

在霜雪满天的晚上,听到激越清亮的鹤鸣声,使人不禁联想到当年屈原在世时,看到众人皆醉而唯独自己清醒,为了国家的利益和前途慷慨陈词,激越昂扬之状;看到鸥鸟在春风丽日中悠闲地闭上眼睛晒太阳,也可以想象到当年陶渊明辞官后那种"采菊东篱下,悠然见南山"、"天运苟如此,且进杯中物"的醉中风流神态。

黄鸟情多,常向梦中呼醉客;白云意懒,偏来僻处媚幽人。

[译文]

山林中的黄鸟自作多情,常常在枝头啼叫,打扰醉客的清梦;白云缓缓飘过,偏偏停在游人安卧的僻幽之处,招来人的怜爱。

栖迟①蓬户,耳目虽拘,而神情自旷;结纳山翁,仪文②虽略,而意念常真。

[注释]

①栖迟:游息,淹留。②仪文:礼仪形式。

[译文]

游息淹留在山林中的茅舍,耳目虽然受到限制,外界的消息闭塞一些,但是神情自然宽阔畅快;和山中居住的老人结交攀谈,他们虽然礼仪形式上差一些,但他们心里想的和对人表现得都十分真切实在。

满室清风,满几月,坐中物物见天心①;一溪流水,一山云,行处时时观妙道②。

[注释]

①天心:本心,本性。见《文子·上礼》:"圣人初作乐也,以归神社

淫，反其天心。"②妙道：至道。引申为自然界的微妙造化。

[译文]

独坐室内，打开窗子，只见满屋的清风明月，座中的每件东西，都可以看到自然本性的体现；入得山中，向深处走去，只见沿途溪流潺潺，满山云雾缭绕，不论走到哪里，都可以看到自然界的微妙造化。

炮凤烹龙①，放箸时与齑盐②无异；悬金佩玉，成灰处共瓦砾何殊？

[注释]

①炮凤烹龙：形容菜肴的丰盛珍奇。②齑盐：切碎的腌菜或咸菜。

[译文]

无论菜肴多么珍奇丰盛，吃过后放下筷子，就与刚刚吃过咸菜没有什么区别；活着的时候悬金佩玉，但人死灯灭，尸骨成灰的时候再看这些金玉珠宝，它们与地上的瓦砾又有什么不一样呢？

扫地白云来，才著工夫便起障①；凿池明月入，能空境界自生明。

[注释]

①障：障碍，佛教所谓烦恼。

[译文]

刚把地上的尘土扫净，白色的烟云就又飘了过来，才放下手中的工具就又碰到了路障，这也正像人生在世，旧的烦恼除去了，新的烦恼又产生了；如在地上凿一大池，明月马上也会映入池底，看来，潜心修炼达到无我之境，就自然会产生出光明智慧来。

造化唤作小儿①，切莫受渠②戏弄；天地丸为大块，须要经我炉锤。

[注释]

①造化小儿：戏称司命之神，喻命运。造化，自然界的创造者。②渠：他。

[译文]

之所以把自然界的创造者叫作"造化小儿"，是因命运经常捉弄我们。我们一旦居高临下地唤他作"小儿"，就是要弘扬我们大写的"人"，作为我们，身为万物之灵长，可千万不要受到他的戏弄；人一旦掌握了自己的命运，就可以把天地当作一个大土块抟在一起，任我们人类锤磨改造，让大自然完全按照人类的意志来变化发展。

想到白骨黄泉，壮士之肝肠自冷；坐老清溪碧嶂①，俗流之胸次亦开。

[注释]

①碧嶂：青绿色的山峰。

[译文]

想到人不免一死，到后来都是一堆白骨，一抔黄土，即使英雄豪杰肝肠也会凉下来；长时间到大自然中修身养性，与苍翠的山峰和青青的小溪为伴，即使一些庸俗卑劣的人，心胸也会逐渐地开阔起来。

夜眠八尺，日啖二升，何须百般计较？书读五车①，才分八斗②，未闻一日清闲。

[注释]

①书读五车：古人以竹简木牍为书，读的书能装满五车，比喻读书之多，学问之大。②才分八斗：言才气之高。《南史·谢灵运传》："灵运曰：'天下才共一石，曹子建独得八斗，我得一斗，自古及今共用一斗。'"

[译文]

夜里能睡八尺长的木床,白天能吃二升米的饭,只要吃得下,睡得香,对世事何必还要百般地计较呢?那些书读五车、才高八斗,非常聪明能干的人,没有听说他们有过一日的清闲。

概 论

君子①之心事，天青日白，不可使人不知；君子之才华，玉韫珠藏②，不可使人易知。

[注释]

①君子：指有道德有修养的人。②玉韫珠藏：典见《论语·子罕》："有美玉于斯，韫匮而藏诸，求善贾而沽诸。"陆机《文赋》："石韫玉而山晖，水怀珠而川媚。"韫，珍藏。

[译文]

有德行的君子立志行事，犹如青天白日，光明正大，没有什么不可告人的，不应该让人不知道的；有德行的君子尽管才华横溢，但仍应该像韫美玉藏明珠一样，不能轻易让人知道。

耳中常闻逆闻①之言，心中常有拂心之事，才是进德修行的砥石②。若言言悦耳，事事快心，便把此生埋在鸩毒③中矣。

[注释]

①逆闻：刺耳。《孔子家语·六本》："良药苦于口而利于病，忠言逆于耳而利于行。"②砥石：比较细的磨刀石。③鸩毒：把鸩羽放入酒中，便成为烈性极强的毒酒，名为鸩毒。鸩，毒鸟名。

[译文]

耳中如果能经常听听一些不顺耳的话，心中经常想想不顺心的事,它犹如刀经常要在砥石上磨一样,人的德行也要经常受到逆境的磨炼才能不断进步。如果周围的人对你说的每一句话都很动听悦耳,为你办的(或你办的)每一件事都千方百计让你称心如意(而自己又飘飘然,毫无警惕),那么,你就等于把自己的一生浸泡在毒酒里了。

疾风怒雨,禽鸟戚戚①;霁月光风②,草木欣欣。可见天地不可一日无和气,人心不可一日无喜神③。

[注释]

①戚戚:忧惧的样子。②霁月光风:雨过天晴后的明月,天朗气清时的和风,后比喻人胸襟坦荡,光明磊落。霁,雨后新晴。③喜神:封建时代星相家所称的吉神。

[译文]

在狂风暴雨的恶劣环境中,各类禽鸟互相依偎在一起悲戚哀鸣,而在雨过天晴明月照、天朗气清和风吹的明媚天气里,草木又显得多么欣欣向荣、生机勃勃啊!由此可见,天地万物不仅由阴阳二气和合而生,而且要借协理阴阳的和合之气来平衡万物,因而,天地间一天也离不开和合之气。人在现实生活中可能会遇到各种各样不顺心的事,但在心中一定要有吉神鼓舞,努力拼搏,始终保持一种心理上的平衡。

醲肥辛甘①非真味,真味只是淡,神奇卓异非至人,至人只是常。

[注释]

①醲(nóng):酒味醇厚叫醲。肥:肉肥美。辛:指辛味的蔬菜,一般指葱、薤(xiè)、韭、蒜、兴渠,佛教戒吃这五种蔬菜,因它们有刺激性。甘:甜美。《尚书·洪范》曰:"稼穑作甘。"注云:"甘味于谷。"

[译文]

醇厚、肥浓、麻辣、甜美等味道并不是味的本原，本原的味只是淡；那些神奇卓异等行为并不是道德修行很高的人的表现，真正达到最高境界的至人的行为倒很普通平常，并不给人一种形式上非常之举，致落俗境。

夜深人静，独坐观心，始知妄穷而真独露①，每于此中得大机趣；既觉真现而妄难逃，又于此中得大惭愧。

[注释]

①妄：虚妄。真：真境。虚妄与真境相对。

[译文]

每当夜深人静，一人独坐，省观内心的时候，才知道只有去掉了思想深处的虚妄之见，才能使涅槃真境显现出来，因而也常在这种去伪存真的净化过程中获得真境的旨趣。在达到真境出现而虚妄难逃的境界之后，又因升华过程中似有虚妄杂念闪现而感到羞愧——要达到至人至境还需要长期与内心的妄见作斗争。

恩里①由来生害，故快意②时须早回头；败后或反成功，故拂心③处切莫放手。

[注释]

①恩里：承恩、恩惠，蒙受好处。②快意：称心如意，得意。③拂心：不称心，违逆心意。

[译文]

无缘无故的承恩受宠从来是惹祸的根苗，所以得意时要及早回头，见好就收；失败是走向成功的起点，所以受挫折时千万不要灰心堕志，而要从失败的废墟中站起来继续拼搏。

藜口苋肠者①，多冰清玉洁；衮衣玉食者②，甘婢膝奴颜。

盖志以淡泊明，而节从肥甘丧矣。

[注释]

①藜口苋肠者：指贫苦百姓。藜、苋皆野菜，嫩时可吃。因贫苦人家常以此充饥，故有此称。②衮衣玉食者：指达官贵人。衮（gǔn）衣，古代帝王及上公穿的绣龙的礼服。玉食，精美的食物。

[译文]

吃藜苋野菜充饥的穷苦百姓，大多如冰清如玉洁，品质高尚；相反那些穿华服吃美味的权贵们，倒长就一双婢膝，一副奴颜，谄权媚势。这大概就是为什么"志"往往从清贫、清淡、清心寡欲中而表现出来的缘故吧！相反，"节"却常常在保持富贵贪图享受时而丧失殆尽了。

面前的田地①要放得宽，使人无不平之叹；身后的惠泽②要流得长，使人有不匮③之思。

[注释]

①田地：地、处所，此指心田、心胸。②惠泽：恩泽、德泽。③不匮：不贫尽，不匮乏，不枯竭。典见《诗经·大雅·既醉》："孝子不匮，永锡尔类。"

[译文]

一个人眼下只有为人处世公平宽厚，人生的路才能越来越宽广，同时让其他人也没有因不平而怨叹的；这样他百年之后给后人留下的恩泽就会源远流长，让人有无穷无尽的思念。

路径窄处，留一步与人行；滋味浓的，减三分让人食。此是涉世一极乐法①。

[注释]

①极乐法：极乐本是佛教语，指阿弥陀佛居住的世界。《阿弥陀经》说："从是西方，过十万亿佛土，有世界号极乐。……其国众生，无有众苦，但受

概论 85

诸乐，故名极乐。"极乐法因而是指最快乐的办法。

[译文]

在道路狭窄的地方行走，要想法给别人留个行走的地步；有滋有味的美食玉液，想方设法自己减少三分量，节省下来让别人也分享一下美味佳肴。俗话说：与人方便，与己方便。这是一个人为人处世取得极端快乐的办法。

作人无甚高远的事业，摆脱得俗情便入名流；为学无甚增益的工夫，减除得物累①便臻②圣境③。

[注释]

①物累：为外物所拖累。②臻：至，达到。③圣境：本指宗教信徒所向往的超凡入圣的境界。此乃指从为学到修身的至高境界。

[译文]

做人并不一定要干出什么高尚远大的事业，只要能够从内心摆脱掉凡俗情欲便可以入名流之列；做学问要达到很高的境界，也没有什么捷径和秘诀，平时只要减除一点凡心，免得物欲的损害，那就已经达到一个很高的境界了。

宠利①毋居人前，德业②毋落人后，受享③毋逾分外，修持④毋减分中。

[注释]

①宠利：恩宠和利禄。②德业：德行与事业。③受享：接受与享用。④修持：修养与操行。

[译文]

在恩宠和利禄方面，不要抢在别人前面；在德行与事业上，不要落在人后面；在接受与享用方面，不要越过一定分寸；在修养与操行上，不要降低分毫。

处世让一步为高，退步即进步的张本①；待人宽一分是福，利人实利己是根基。

[注释]

①张本：即为事态的发展预先做的安排。

[译文]

为人处世，凡事能够谦让容忍的人是高明的，因为眼前的退让一步也就是为以后的进一步、进两步做的准备，留的后手；与人相处，能够宽厚仁德的人是有福的，因为暂时有利于别人是为永远有利于自己奠定了基础。

盖世的功劳，当不得一个矜①字；弥天的罪过，当不得一个改字。

[注释]

①矜：自负自傲。《尹文子》："名者所以正尊卑，亦所以生矜篡。"

[译文]

纵然有压倒当世的大功劳，也抵不过一个骄矜的"矜"字去消磨它，居功自傲，老本再多也会吃完的；相反，哪怕犯有弥天的大罪，只要能认真改正，也是会将功补过的。

完名美节，不宜独任，分些与人，可以远害全身①；辱行污名，不宜全推，引些归己，可以韬光养德②。

[注释]

①远害全身：远避加害，保全自身。②韬光养德：隐藏光彩，涵养德行。

[译文]

完美的名节，最好不要独自占有，若能分一些给别人，与别人共同拥有完美的名节，就可以避免意想不到的别人的加害，从而保全自身；相反，对那些可能玷污行为和名声的事，同样不应该全部推诿给别人，假如能主动承担一些过错，引咎自责，那么就可以通过隐藏光彩的办法来涵养自己的德行。

事事要留个余不尽的意思，便造物①不能忌我，鬼神不能损我。若业必求满，功必求盈者，不生内变，必招外忧。

[注释]

①造物：古人认为宇宙万物都是神秘的自然力量所创造的，而天地、自然界又是古人不容易把握的，因而，造物便常常指天地及自然界的神秘力量。语见《庄子·大宗师》："伟哉，夫造物者将以予为此拘拘也。"

[译文]

无论做什么事都不可太绝，要留有余地，只有这样，即使是万能造物主也不会忌刻我，甚至最喜欢与人作对、惩罚人类的鬼神也不会伤害我。假如事业上一定追求完美无缺，功劳一定要到登峰造极的程度，那么，即使不为此而发生内乱，也必然为此而招致外患。

家庭有个真佛①，日用有种真道人②，能诚心和气，愉色婉言，使父母兄弟间形体两释，意气交流胜于调息观心③万倍矣。

[注释]

①真佛：真正的智者（又称"觉"、"觉者"）。佛是佛陀的简称。佛陀是梵文 Buddha 的音译，而智者、觉者、觉则是其意译。觉者包括三个方面：自觉、觉他（使众生觉悟）、觉行圆满。佛三项俱全，为佛教修行的最高果位。②道人：释、道二教都有道人之称。道人泛指得道之人。③调息观心：道家养生之法。即先调匀鼻孔中的呼吸，然后眼观鼻、鼻观心，以此调养身心，究明事理。

[译文]

家庭中如果有一个修行很高、堪称觉者的人，日常生活中如果有一种真正得道的人，那么他处理日常生活或家庭中的问题时便能够自然做到心平气和，和颜悦色，使父母兄弟之间互相理解，互相支持，情绪意恳，心心相印，这胜过有些人在形式上的调息观心之类的得道一万倍了。

攻人之恶毋太严，要思其堪受①；教人以善毋过高，当使其可从。

[注释]
①堪受：能够接受。

[译文]
批评别人的错误不要太苛刻严格，要考虑（批评）别人能够接受的程度；教育别人行善不要要求过高，要求的宽严应适当到切实可行、可遵从的地步。

粪虫至秽变为蝉①，而饮露于秋风；腐草无光化为萤②，而耀采于夏月。故知洁常自污出，明每从暗生也。

[注释]
①粪虫变蝉：清代郝懿行《尔雅义疏》："蝉之幼虫名蛣蟝，生积粪草中。"②腐草无光化为萤：《礼记·月令》记载："季夏之月……腐草为萤。"腐草变化成萤虫是古人的错误认识。萤虫是由腐草里面的虫卵变化而来的。

[译文]
粪堆里的小虫可谓最污秽腐臭不堪的了，可它一旦变为蝉之后，却在爽飒的秋风中喝洁净的甘露。腐烂的枯草本身并无光亮，可它一旦变化为萤虫之后，却在夏季的月光下放出点点荧光。由此我们懂得了"洁常自污出（洁净的东西常常是从污秽中产生），明每从暗生（光明的事物常常在黑暗中出现）"的道理。

矜高居傲，无非客气①。降伏得客气下，而后正气伸。情欲意识②，尽属妄心。消杀得妄心尽，而后真心现。

[注释]

①客气：宋代程朱理学认为心乃是性之本体，因以发乎血气的生理之性为客气。与客气相对应的是以心为本体的义理，也就是本节所指的正气。②情欲：欲望、欲念。意识：佛教语，梵文意译。六识之一，法相宗八识之一，以意根为所依，以法（事物）为境的认识。

[译文]

有些人高傲自大，言行虚骄，无非是发自血气的生理之性（私欲）在作怪。只有把人内心的私欲降伏打败，才能使发自心的本体之性（天理）得到伸张。以意根为所依，以法（事物）为境的认识，并由此而产生的各种私心杂念，统统属于荒诞之想，只有把这种荒诞之想、非分之心消灭干净，才能使与妄心水火不相容的真心，也就是公心，显现出来并发扬光大。

饱后思味，则浓淡之境都消；色后思淫，则男女之见尽绝。故人当以事后之悔悟，破临事之痴迷，则性定而动无不正①。

[注释]

①性定而动无不正："性"作为一个哲学命题，从孔子开始，一直是各家各派十分关注的，如著名的性善性恶说。这里说的"性定"显然是性善的确定（或固定），善的本性确定之后，人的行为无不合乎"天理"（"正"）的要求了。

[译文]

人在酒足饭饱之后，回思美味佳肴的味道，就会感到无论是浓或是淡的口感全都没有了。人在性欲满足之后，再回头想想情色二字，男女之事的念头全都打消了。因此，人应该用事情之后的悔悟之心来参破、觉醒当事之中的痴迷不悟之状。人若能经历这一从性放到性定的过程，回到性善正确轨道上来，今后的行动也就会合乎"天理"的要求了。

居轩冕^①之中，不可无山林的气味；处林泉之下，须要怀廊庙的经纶^②。

[注释]

①轩冕：指官位爵禄。轩，即轩车。冕，即冕服。②廊庙：古代帝王和大臣议政的地方，后称朝廷为廊庙。经纶：本意是整理丝缕，理出丝绪为经，编丝成绳叫纶，合称经纶。引申为筹划治理国家大事。

[译文]

身在显位的达官贵人，不可能没有想过退隐的那一天。由此，在身居要职时，便保持一种隐居山林、淡泊名利的情趣。而生活在山林与泉石之间的隐士，也必须胸怀治理国家大政的良策妙计。

处世不必缴功^①，无过便是功；与人不求感德，无怨便是德。

[注释]

①缴功：同"邀功"，也就是求功之意。

[译文]

处事不必求有多大功劳，没有过错便算有功了；和人打交道不要希图别人感恩戴德，没有怨恨便是有德了。

忧勤^①是美德，太苦则无以适性怡情^②；淡泊是高风，太枯则无以济人利物。

[注释]

①忧勤：忧愁而劳苦。②适性怡情：称心如意，精神愉快。

[译文]

忧愁而劳苦是一种美好品质，假如过分艰苦奋斗的话，那就没有办法做到因顺从本性而精神愉快；恬淡无求也是一种高尚的情操，假如过分地清心寡欲、一无所求的话，也就没有能力去救世助人，为社会、他人做贡献了。

概论　91

事穷势蹙之人,当原其初心①;功成行满之士,要观其末路。

[注释]

①原其初心:寻求初意本心。

[译文]

对于处在穷途末路、事穷势竭的人,而应该寻求他初意本心之好坏;对于处在事业顶峰、功成行满的人,而应该观察他是否能长期坚持下去,保持晚节。

富贵家宜宽厚,而反忌克①,是富贵而贫贱,其行如何能享?聪明人宜敛藏,而反炫耀,是聪明而愚懵,其病如何不败?

[注释]

①忌克:又作"忌刻",意思是忌妒刻薄。

[译文]

富贵人家本应宽厚仁德,反而对人忌妒刻薄,这种虽处富贵家而表现出贫贱相的做法,又怎么能长久地安享富贵呢?天资聪明的人本应敛才藏光,反而到处在人面前炫耀、表现自己的聪明才智,这种看似聪明而实际上愚蠢的行为,又怎么能逃脱"聪明反被聪明误"的悲惨结局呢?

人情反复,世路崎岖。行不去,须知退一步之法;行得去,务加让三分之功。

[译文]

人情反复无常,世路险阻不平。在道路险阻行不得的时候,应该知道采取退让的办法为好。在道路平坦无障碍的时候,务必也要采取退让的方针,以免被暗障所阻。正像一个人事业一帆风顺、志得意满时，对人对事一定要有谦让三分的美德和胸襟。

待小人不难于严，而难于不恶；待君子不难于恭，而难于有礼。

[译文]

对待品行不端、心术不正的小人要求很严厉苛刻并不难做到，难的是对小人并非一味地憎恶；对品德高尚、行为端正的君子做到恭敬也不难，难的是对君子的恭敬要符合"礼仪"。

宁守浑噩而黜聪明[①]，留些正气还天地[②]；宁谢纷华而甘淡泊，遗个清名在乾坤。

[注释]

①守浑噩而黜聪明：这是老子、庄子的一个重要哲学观点。他们认为，社会上之所以有各种灾难及犯罪，因为人都太聪明了，"大道废，有仁义，慧智出，有大伪"（《老子》）。因此，要想除掉各种各样的丑恶现象，最好的办法是返璞归真，像婴儿一样无知无欲，像原始人一样浑浑噩噩（"歙歙为天下浑其心"），与此同时，要反对仁义，罢黜智慧。②正气还天地：文天祥《正气歌》有"天地有正气，杂然赋流形"句。正气，即刚正之气。

[译文]

宁愿像原始人那样浑浑噩噩（守朴），反对聪明智慧，以便保留些天地间的正气存在；宁愿谢绝繁华盛丽，甘于恬淡闲适，也好在历史上留个清白名声。

降魔[①]者先降其心，心伏则群魔退听；驭横[②]者先驭其气[③]，气平则外横不侵。

[注释]

①降魔：降伏魔障。这里指降伏各种私心欲念。魔，梵文 Māra 的音译，魔罗的略称，意译为"扰乱"、"障碍"等。佛教指能扰乱身心，破坏好事，

障碍善法者。②驭横：驾驭蛮横者。③先驭其气：首先控制意气。

[译文]

要想降伏扰乱身心的各种魔障，必须首先降伏产生种种魔障的心性，心被降伏之后，各种魔障自然退避三舍，俯首帖耳；要想驾驭住各种蛮横的举动，首先得控制住产生那些蛮横之举的意气，意气被控制住之后，蛮横之举无由得以内侵。

养子弟如养闺女，最要严出入，谨交游。若一接近匪人①，是清静田中下一不净的种子，便终身难植嘉苗矣。

[注释]

①匪人：行为不正、不三不四的坏人。

[译文]

教养子弟犹如教养闺女，最关键的是出入交游一定要严谨。假如一旦和坏人接近交游，这就好比在清静田里种下一颗有毛病的种子，很难长出好苗一样，子弟要想健康成长则难乎其难了。

欲路①上事，毋乐其便而姑为染指②，一染指便深入万仞；理路③上事，毋惮④其难而稍为退步，一退步便远隔千山。

[注释]

①欲路：宋明理学对"人欲"的俗称。②染指：占据非所应得的利益为染指。③理路：宋明理学对"天理"的俗称。④惮：怕，畏惧。

[译文]

在对待人的各种欲望方面，如好色、贪利，千万不要喜欢它做起来比较随便、容易，便存一个侥幸心理：姑且占据一下非分所得，以后不干就是了。一旦染指便会坠入万丈深渊，而不能自拔。在天理要求人做的方方面面，千万不要害怕做起来太难，便自己给自己的畏难心理找个借口：稍稍退后一步，不必十分认真，以后遇上其他事再严格按"天理"标准去做就行了。岂不知，这一件事一旦退让一分一毫，不按"天理"的标准严格要求，实际上就会离天理的要求差以千山万水。

念头浓①者自待厚，待人亦厚，处处皆厚；念头淡者自待薄，待人亦薄，事事皆薄。故君子居常嗜好，不可太浓艳，亦不宜太枯寂②。

[注释]

①念头浓：与"念头淡"相对而言，前者指情感欲望比较强烈浓厚，后者相反，万事淡薄。②枯寂：枯萎寂灭。

[译文]

情感欲望比较强烈浓厚的人，往往对己对人都相当宽厚，处处讲究排场大方，讲里要面；相反，无论干什么都十分淡薄者对己对人也相当淡薄，事事追求简朴简单，节俭节省。所以仁德君子平时的爱好，不可以过分浓艳奢华，也不宜过分枯萎寂灭、了无生趣。

彼富我仁，彼爵我义①，君子故不为君相所牢笼②；人定胜天，志一动气③，君子亦不受造化之陶铸④。

[注释]

①彼富我仁，彼爵我义句：典出《孟子·公孙丑下》引曾子的话说："晋楚之富，不可及也；彼以其富，我以吾仁；彼以其爵，我以吾义，吾何慊乎哉？"此句杨伯峻先生翻译成白话为：晋国和楚国的财富，是我们赶不上的。但是，他有他的财富，我有我的仁；他有他的爵位，我有我的义，我为什么觉得比他少了什么呢？②不为君相所牢笼：意为不被权势所束缚。③志一动气：典出《孟子·公孙丑上》："志壹则动气，气壹则动志也。"杨伯峻先生译为：思想意志若专注于某一方面，意气感情自必为之转移（这是一般的情况）；意气感情假如也专注于某一方面，也一定会影响到思想意志，不能不为之动荡。④陶铸：烧制陶器，铸造金属器物。本意为造就培育，这里引申为自然因造就之功而给人的局囿、限制。人因对天的反作用力，而不受限制。

[译文]

他有财富我有仁,他有爵位我有义(我并不比他少什么),有仁有义的君子所以不被权势所束缚;思想意志若专注于某一方面,意气感情自必为之转移,因而,人力必定能够战胜自然,从这个角度上讲,有志君子也可以不受自然的限制而有所作为。

立身不高一步立,如尘里振衣①,泥中濯足②,如何超达③?处世不退一步处,如飞蛾投烛,羝羊触藩④,如何安乐?

[注释]

①尘里振衣:在飞扬的灰土中抖衣去尘。振衣,即抖衣去尘。②泥中濯足:句意为在污泥中洗脚。③超达:超俗旷达。④羝(dī)羊触藩:意思是公羊角挂在篱笆上,不能退,也不能进。以此比喻进退两难的尴尬境地。羝,公羊。藩:篱笆。

[译文]

立身行道如果不确立在一个更高的境界,就好像在飞扬的灰土中抖衣去尘,在污泥中洗脚一样,不仅不能自好洁身,反而会与之同流合污,这样如何能够超俗旷达呢?为人处世如果不是凡事退让三分去处,就好像飞蛾扑火(蜡烛),自取灭亡,又好像公羊角触在篱笆上,陷入一种进退两难的尴尬境地,这样又如何能安逸快乐呢?

学者要收拾精神并归一处:如修德而留意于事功①名誉,必无实诣②;读书而寄兴于吟咏风雅,定不深心。

[注释]

①事功:做事的功劳、成绩。②实诣:真正的造诣。

[译文]

学者需要集中精力,专心致志才行,否则很难有什么建树。譬如修德不是为自身的修养德行，而很留心注意办事的功绩及名誉，这种修德一定不会有什么真正的造诣。又如读书并非为读圣贤书，知圣贤礼，而是把兴趣都放在吟诗作赋等附庸风雅上面，这样读书一定会很肤浅，而不能深入内心，确有收获的。

人人有个大慈悲①，维摩、屠刽②无二心也；处处有种真趣味，金屋、茅檐非两地也。只是欲闭情封③，当面错过，便咫尺千里矣。

[注释]

①慈悲：梵文 Maitri-Karunā 的音译，佛教用语。称佛、菩萨爱护众生，给予欢乐叫"慈"（与乐）；怜悯众生，排除苦难叫"悲"（极苦）。慈悲是佛道之根本。②维摩：维摩就是维摩诘，梵文 Vimalakīrti 的音译，佛教中的菩萨名。维摩是毗耶离城神通广大的大乘居士，曾以称病为由，同释迦牟尼派来问病的舍利弗、文殊等阐扬大乘佛教的深奥义理，"妙语"横生。文殊对他十分崇敬。屠刽：屠夫和刽子手。③欲闭情封：常人的佛性被种种欲念封闭住了。欲，贪欲。情，情欲。

[译文]

每个人心中原本都有一个大慈大悲的佛心，善如维摩居士，恶如屠夫刽子手，二者之间并没有两种截然不同的佛心；人间到处都有一种得道的真趣味，若得了佛的真谛，住在华美贵室与住在茅檐陋屋又有什么差别呢？所以说非两地也。只是有的人的佛性被种种欲念封闭住了，即使佛在面前，也会当面错过，真是无缘对面不相识，这就是与佛差以咫尺却远隔千里了。

进德修行，要个木石的念头，若一有欣羡①，便趋欲境；济世经邦，要段云水的趣味，若一有贪着，便堕危机。

[注释]

①欣羡：意思是在欲的驱使下而产生的爱慕之情。欣，欲之初。羡，

爱慕。

[译文]

进德修道的人，需要抱定一个木石一般的无情无欲坚定信念。如果一旦因欲之驱动而对名利权位有了爱慕之情，就会走向被物欲所累的境地。济世经邦的人，需要对诸事的态度如浮云如流水一样有超凡脱俗的趣味。如果一旦产生贪心，便会堕入了危险危机之中。

肝受病则目不能视，肾受病则耳不能听，病受于人所不见，必发于人所共见。故君子欲无得罪于昭昭①，先无得罪于冥冥②。

[注释]

①昭昭：明亮。引申为公开。②冥冥：晦暗，昏昧。引申为私下、暗中。

[译文]

肝脏受到损伤，眼睛就看不见东西，肾脏受到损伤，耳朵就听不见声音，疾病虽生在看不见听不见的内脏，但它表现出来的病状一定为人所共见。所以，君子要想不公开所犯的错误罪过，就一定先要暗中没有错误罪过。

福莫福于少事，祸莫祸于多心：唯多事者，方知少事之为福；唯平心者，始知多心之为祸。

[译文]

没有什么幸福比少事无事更幸福的了，没有什么祸患比多心疑心更招祸的了。只有那些终日为琐事忙碌奔波的人，才知道什么叫少事无事为幸福，只有心底平和公正的人，才知道多心疑心的祸患。

处治世宜方，处乱世当圆①，处叔季之世②，当方圆并用；

待善人宜宽，待恶人宜严，待庸众之人宜宽严互存。

[注释]

①处治世宜方，处乱世当圆："治世"与"乱世"相对，"治世"指政治清明安定的太平盛世；"乱世"指动荡不安的时代。"方"与"圆"相对，"方"指人的品格正直端方；"圆"指人的性格婉转圆通。②叔季之世：指叔世与季世。叔世指衰乱的时代，季世指国家扰攘近于衰亡的时代。

[译文]

生活在政治清明安定的太平盛世，为人处世应该正直端方。生活在动荡不安的年代，为人处世则应该圆通婉转。假如生活在国家扰攘、濒于衰亡的时代，为人处世则只好方正与圆通同时并用。对待好人应该宽厚，对待坏人应该严酷。对待一般平民百姓应该恩威并用、宽严相间。

我有功于人不可念，而过则不可不念；人有恩于我不可忘，而怨则不可不忘。

[译文]

不要常常想念、记着自己对别人有什么什么功劳、好处，相反，对于自己的过错那就需要常常反省，不可忘记；别人对我的恩泽千万不要忘记，相反，对别人的怨恨则不应该不忘记。

心地干净，方可读书学古。不然，见一善行，窃以济私①；闻一善言，假以覆短②，是又藉寇兵而赍盗粮矣③。

[注释]

①济私：图谋自己私利。济，利用、助。②假：凭借、因。③藉寇兵而赍（jī）盗粮矣：典出《战国策·秦策》："此所谓藉贼兵而赍盗食者也。"翻译成白话是：这就是所谓把兵器借给贼寇，把粮食交给强盗呀。藉，借。兵，兵器。赍，持、带、送。

[译文]

心地纯洁的人,才可以读圣贤书学古人行。不然的话(亦即心中的私欲很严重而不是纯洁的话),看见一件善行好事,便私下借以图谋私利,赢得名声;听到有德之言,便假借它来掩盖自己的短处。德行善言如此被利用,这种现象和那种把武器借给贼寇、把粮食交给强盗的行为,本质上不是一样的吗?

奢者富而不足,何如俭者贫而有余;能者劳而伏怨,何如拙者逸而全真①?

[注释]

①"能者"二句:"伏怨"与"全真"相对。伏怨,即潜藏的怨恨,怀恨在心的意思。全真,即保持本性的意思。

[译文]

再富有的人家,只要挥霍浪费,终会匮乏(不足)的,比那种虽贫穷但节俭终会有余的人家怎么样呢?有能耐、有本事常常多操劳忙碌因而怀恨在心的人,比那种拙笨无用,什么都不会干因而保持浑朴本性的人又怎么样呢?

读书不见圣贤,如铅椠佣①;居官不爱子民,如衣冠盗②;讲学不尚躬行,如口头禅③;立业不思种德,如眼前花。

[注释]

①铅椠佣:即古代抄书工。铅,铅粉笔,古人用它涂改简牍上的错字。椠(qiàn),书板,古代削木为牍,未经书写的素版叫椠。佣,雇佣的工人。②衣冠盗:穿着士大夫衣服的强盗。③口头禅:本是佛教用语。意思是不能领会禅理,只是袭用禅宗和尚的常用语作为谈话的点缀。后来指说话时经常挂在嘴上但并无多大实际意义的词句。

[译文]

读圣贤之书而不能发现圣贤真义,就好像抄书工虽知其字不知其意一样；如果做一方父母官而不爱护自己的百姓，和强盗穿上了士大夫的衣服又有什么两样；讲学论道并不准备亲身实践、身体力行，就好像把禅理经常挂在嘴边上，并没有多大实际意义；建功立业并不想修德，犹如眼前花、水中月一般的虚景。

人心有部真文章，都被残编断简①封固了；有部真鼓吹②，都被妖歌艳舞淹没了。学者须扫除外物，直觅本来③，才有个真受用。

[注释]

①残编断简：意思是指残缺不全的文字。简，把字写在竹片上叫简，把竹简用绳穿起来叫作编。②鼓吹：乐曲名，出自北方民族，所用乐器主要有鼓、钲、箫、笳、角。开始为军中之乐，到了汉代已列于殿庭。东汉时统领万人以上的将军才有鼓吹的资格，达不到这种级别或规格者仅得假鼓吹，故称达到者的鼓吹为真鼓吹。这里指高雅的音乐。③本来：原始，本原。

[译文]

人们心中本来有一部与圣贤书相通的真文章，可惜却被后来那些支离破碎、断章取义的解释给迷惑了；人的音乐细胞真正是为了欣赏高雅的音乐的，可惜却被社会上流行的淫歌妖舞埋没了。因而，做学问的人必须扫除外物（如断章取义的说教、轻浮妖艳的歌舞）的干扰，直接寻觅本原（学习符合圣贤原意的东西），这样才能学得真经，终身受用。

苦心①中常得悦心之趣，得意时便生失意之悲。

[注释]

①苦心：本是费尽心思之意，这里指痛苦不高兴的心情。

[译文]

人应该经常能从苦心的追求里面体味到追求（今之谓重在过程）时的喜悦，而享受人生真正的乐趣。在一个人春风得意之时，往往会因此结下怨仇或招来嫉妒，从而埋下日后祸患的根苗。如果知道祸与福、苦与乐、成功与失败等的辩证关系，互相转化的道理，很自然地就会产生出失意的悲哀。

富贵名誉自道德来者，如山林中花，自是舒徐①繁衍；自功业来者，如盆槛中花，便有迁徙废兴；若以权力得者，如瓶钵中花，其根不植，其萎可立待矣。

[注释]

①舒徐：从容谦让。

[译文]

一个人的富贵名誉如果是从道德里面得来的话，那么，这样的富贵名誉就好像山林中开放的花，自会从容开放，繁盛不穷；如果是从政治功勋中得来的话，那么，这样的富贵名誉就好像盆槛中养的花，就会因境遇的变化而随之兴废；如果是利用手中的权力谋来的，那么，这样的富贵名誉就好像插在玻璃瓶中的花，由于其根部没有深植在土壤中，其枯萎和凋谢可立等而至。

栖守①道德者，寂寞一时；依阿②权势者，凄凉万古。达人观物外③之物，思身后之身④，宁受一时之寂寞，毋取万古之凄凉。

[注释]

①栖守：恪守，遵守。栖，止，居。②依阿：曲意逢迎，随声附和。③物外：指世外，超脱于世事之外。物外之物即超脱于一切事物之外的事物，亦即佛教所指的不生不灭的涅槃境界。④身后之身：死后之身，即身后名声。

[译文]

一个恪守道德的人，可能会寂寞一时；依附权势的人，必然是凄凉万古。通达知命的人追求的是超脱一切事物之外的事物，思考的是死后的千秋万岁名。因而，宁可忍受一时的寂寞，不要落得万古的凄凉。

春至时和,花尚铺一段好色,鸟且转①几句好音。士君子幸列头角②,复遇温饱,不思立好言,行好事,虽是在世百年,恰似未生一日。

[注释]

①鸟且转:即鸟啭,鸟儿发出明快悠扬的声音。啭,鸟鸣的声音。②幸列头角:侥幸处在杰出人物之列。头角,本意为头顶左右突出之处。引申为青少年的气概和才华。

[译文]

在祥和美好的春天里,百花尚且为春天铺出一片美好的春色,众鸟也用它鸣快悠扬之声为春天歌唱。读书君子有幸出人头地身居高位,同时每天酒足饭饱,过着富裕奢侈的生活,却不想创立学说或广行善事,如果是这样碌碌无为,即使是活上一百年,也和没活一天一样(又和没有在这个世界上一天有什么两样呢)。

学者有段兢业的心思,又要有段潇洒的趣味。若一味敛束清苦,是有秋杀无春生①,何以发育万物?

[注释]

①有秋杀无春生:只有秋凉时节的凋谢,没有春暖时节的生长。杀(shài),衰微、凋零的意思。

[译文]

一个做学问的人,既要有着谨慎戒惧的心思,又要有着舒畅轻快的趣味。假如只会一味地守贫刻苦,约束戒惧,过着极端清苦的生活,这就像是只有秋凉时节的凋谢,而没有春暖时节的生长。如果是这样的话,又怎么能够萌发孕育万物呢?

真廉无廉名，立名者正所以为贪；大巧无巧术，用术者乃所以为拙。

[译文]

真正清正廉洁的人，并不追求清廉的名声；相反，为了清廉的名声，到处标榜、作秀，恰恰暴露出内心的贪婪。真正高明的人并不要小聪明，要小技巧的人恰恰表现出他的拙笨愚蠢。

心体光明，暗室中有青天；念头暗昧①，白日下有厉鬼。

[注释]

①暗昧：隐秘不正之事。

[译文]

一个人的心地光明磊落，纵使在幽暗无人的屋子之中，也如同上面有湛湛青天；一个人的心中有邪恶之念，想做隐秘不正之事，纵便在光天化日之下也会有恶鬼出现。

人知名位为乐，不知无名无位之乐为最真；人知饥寒为忧，不知不饥不寒之忧①为更甚。

[注释]

①不饥不寒之忧：饥寒之忧是为自身的生活担忧，不饥不寒之忧是自身之忧之上的为众生之忧。马斯洛把人的需要分为高级需要和低级需要。"低级需要比高级需要更部位化，更可触知；也更有限度。饥和渴的躯体感与爱相比要明显得多，而爱则依次远比尊重更带有躯体性。""高级需要比低级需要具有更大的价值"、"更接近自我实现"。可见饥寒之忧是因满足低级需要而起，不饥不寒之忧是因满足高级需要（如爱、济众生）而起。因高级需要更具价值，难度更大，所以其"忧"也"更甚"。

[译文]

人只知道有名誉地位的快乐，却不知道无名无位所得的快乐是最真实的快乐；人只知道为饥寒忧愁，却不知道不饥不寒的忧愁是更深广的忧愁。

为恶而畏人知，恶中就有善路；为善而急人知，善处即是恶根。

[译文]

一个人做了坏事而怕人知道，说明他并没有坏到不可救药的地步，因他干坏事还知是坏，因此，他还有弃恶从善的希望。一个人干了好事而急于让人知道，说明他干好事的目的不纯，所以他为善的深处却潜伏一种坏的根苗。

天之机缄不测①，抑而伸，伸而抑，皆是播弄②英雄，颠倒豪杰处。君子只是逆来顺受，居安思危③，天亦无所用其伎俩矣。

[注释]

①天之机缄不测：意思是说老天的机关发动神秘莫测。典见《庄子·天运》："天其运乎？地其处乎？日月其争于所乎？孰主张是？孰维纲是？孰居无事推而行是，意者其有机缄而不得已邪？"机缄，比喻推进事物发展的迭化力量。②播弄：执掌，玩弄，摆布。含有任意作为的意思。③居安思危：在安全时考虑到可能发生的危险。

[译文]

老天爷对人的命运的支配真是神秘莫测，有时让人先陷入困境再进入顺境，有时又让人先得意而后失意。这些都是上天播弄英雄、考验豪杰的手段。仁德君子只要能以平和的心态面对人生，逆境当作顺境来处，安逸时不忘危难，就能制驭一切，连老天爷也没有办法施展伎俩了。

福不可缴，养喜神①以为招福之本；祸不可避，去杀机②以为远祸之方。

[注释]

①喜神：吉神。②杀机：杀伐的动机。

[译文]

人世的幸福不可勉强追求，只有遇事保持愉快的心情，积极的态度，才能作为追求人生幸福的基础；人世间的灾祸也实在无法躲避，只有去掉怨恨的念头，才能作为远避灾祸的方法。

十语九中未必称奇，一语不中则愆尤骈集①；十谋九成未必归功，一谋不成则訾议②丛兴。君子所以宁默毋躁，宁拙毋巧。

[注释]

①愆尤骈集：各方面的过失一齐汇集。愆尤，过失、错误。骈集，一齐汇集。②訾议：诋毁的言议。訾，诋毁。

[译文]

十句话有九句说正确也不一定叫绝称奇，假若一句说不对，就会遭到各方面的非议；十个谋略有九个成功了也不一定归功于你，假如有一个谋略失败了，马上就会产生各种各样诋毁的言论。因此，有德君子常常宁可保持缄默而不浮躁，宁可守拙，而不显巧。

天地之气，暖则生，寒则杀。故性气①清冷者，受享亦凉薄②。唯气和心暖之人，其福亦厚，其泽亦长。

[注释]

①性气：即指气质。②凉薄："凉"与"薄"同义，也就是微薄的意思。

[译文]

天地之气，和暖就会生长万物，寒肃就会令万物凋谢。所以，气质清冷如冰的人，受用也只能是微薄。只有心平气和、温暖如春的人，其享福也大，其惠泽也长。

天理路上甚宽,稍游心①,胸中便觉广大宏朗;人欲路上甚窄,才寄迹②,眼前俱是荆棘泥途。

[注释]

①游心:注意、留心之意。②寄迹:寄托踪迹的意思。

[译文]

行"天道"的路是很宽广的,稍微注意一下,胸中就会觉得广大宏阔许多;穷"人欲"的路是很狭窄的,刚刚在上面寄托踪迹,眼前都是荆棘泥途挡道。

一苦一乐相磨炼,炼极而成福者,其福始久;一疑一信相参勘①,勘极而成知者,其知始真。

[注释]

①参勘:检验磨勘之意。

[译文]

既吃过苦又享过福,经过苦乐两方面的磨炼,最后磨炼到极致而获得幸福的人,这样的幸福最久长。人经过怀疑、相信两方面的检验、磨勘之后,达到最高境界而成为睿智的人,其智慧才最真。

地之秽者多生物,水之清者常无鱼①,故君子当存含垢纳污②之量,不可持好洁独行之操。

[注释]

①"水之清"句:典见《大戴礼记·子张问入官》:"故水至清则无鱼,人至察则无徒。"因为水太清鱼就不能藏身,比喻人过于苛察、责备求全,就不能容众。②含垢纳污:典出《左传·宣公十五年》晋大夫伯宗引古谚说:"高下在心,川泽纳污,山薮藏疾,瑾瑜匿瑕,国君含垢。"冯作民先生翻译成白话是:"高低运用之妙存乎一心,凡是河流湖泽总要容纳污浊的水,凡是山林草丛总会有毒虫躲藏,哪怕是美玉,也难免有些瑕疵,因此国君总要忍受一些羞辱。"此处引用也是说做人要有容忍的气量。

[译文]

太污秽的地方容易生长草物,太清的河湖水鱼就不容易藏身,因而水清便无鱼了。所以,仁德君子应当有容纳污浊、隐含羞辱的气量,不能顽固保持好洁独行(脱离民众)的操守。

泛驾之马①可就驰驱,跃冶之金②终归型范。只一优游不振,便终身无个进步。白沙③云:"为人多病未足羞,一生无病是吾忧。"真确论也。

[注释]

①泛驾之马:典出《汉书·武帝本纪》元封五年之诏:"夫泛驾之马,跅弛之士,亦在御之而已。"颜师古注曰:"泛,覆也。音方勇反。覆驾者,言有逸气而不循轨辙也。"比喻难以控制的马。②跃冶之金:典出《庄子·大宗师》:"今大冶铸金,金踊跃曰:'我且必为镆铘。'大冶必以为不祥之金。"陈鼓应先生译成白话是:"现在有一个铁匠正在铸造金属器物,那金属忽然从炉里跳起来说:'一定要把我造成镆铘宝剑。'铁匠必定会认为这是不祥的金属。"这里比喻为不愿就范的金属。③白沙:明代著名理学家陈献章(1428~1500),新会人,字公甫,居白沙里,门人称白沙先生。著作被编为《白沙先生全集》。

[译文]

翻过车的马尽管难于驾驭控制,然而却可以疾驱快奔,不愿就范的金属尽管自命不凡,然而终究是会定型就范的。只有那种虽没有棱角,经常悠闲自得,一点也不振作的人,才一辈子不会进步。白沙先生说:"做人毛病有很多并不足以羞惭,若是人一生一点毛病也没有才真正使我忧虑(因为没有毛病的人是没有的)。"真是至理名言。

人只一念贪私,便销刚为柔①,塞智②为昏,变恩为惨③,染洁为污，坏了一生人品。故古人以不贪为宝④，所以度越一世⑤。

[注释]

①销刚为柔：把刚正不阿磨合为柔弱的人。②塞智：困厄智慧。③恩：惠爱。惨：惨毒。④以不贪为宝：典出《左传·襄公十五年》："宋人或得玉，献诸子罕，子罕弗受……曰：'我以不贪为宝，尔以玉为宝，若以与我，皆丧宝也。不若人有其宝。'"冯作民先生译成白话曰："宋国有一个人得了一块玉石，当宝玉献给司城子罕，可是子罕却不肯接受……说：'我是把不贪当作宝物，而你却是把玉石当宝物。假如你把玉送给我，那我们俩都丧失了宝物，倒不如我们各自拥有自己的宝物。'"⑤度越一世：超过世上所有的人。

[译文]

人只要有一点贪私的念头，便会把原本刚正的性格改变成很懦弱的性格，使原本聪明的头脑变得昏聩无能，使原本慈悲惠爱的心肠变得惨毒仇恨，原本洁净纯正的人格传染上污浊，从而一生的人品都变坏葬送了。所以，古人子罕把"不贪"当作修身之宝，这也是他之所以能超越物欲度过一生的原因。

耳目见闻为外贼，情欲意识为内贼①；只是主人公惺惺不昧②独坐中堂，贼便化为家人矣。

[注释]

①贼：在《论语》中，对风气道德、思想意识的破坏行为，孔子称之为"德之贼"，即本文的"内贼"；对社会秩序的破坏者便是本文指的"外贼"。②惺惺：清醒、机敏。不昧：不糊涂。

[译文]

眼所见、耳所闻的盗贼都是抢劫掠夺、破坏社会秩序的外贼；因各种私心杂念、贪婪欲望而产生的对风气道德、思想意识的破坏行为，则是看不见的内贼。无论"内贼"或是"外贼"，只要主人公头脑清醒，言行端正，不受诱惑，不受蒙蔽，坚持原则，把持得住，它们反而会变成修养品德的好帮手。

图①未就之功,不如保已成之业;悔既往之失,亦要防将来之诽。

[注释]

①图:图谋、谋取。

[译文]

与其谋取远未成就的功业,不如保持已经成就的功业。与其忏悔以往的过失,不如防范未来可能会出现的错误。

气象要高旷①,而不可疏狂②;心思要慎细,而不可琐屑;趣味要冲淡,而不可偏枯③;操守要严明,而不可激烈。

[注释]

①气象:本指自然界的景色、现象,也泛指人的景况、情态。②疏狂:狂放不羁,不受拘束。③偏枯:本是病名,指半身不遂,引申为偏执一隅之意。

[译文]

(做人)气象要高尚旷达,而不要狂放不羁;心思要谨慎细密,而不要琐屑不堪;趣味要平和淡泊,而不要偏执枯寂;操守要整肃严明,而不要过分激烈。

风来疏竹,风过而竹不留声;雁度寒潭,雁去而潭不留影。故君子事来而心始现,事去而心随空。

[译文]

当轻风吹过稀疏的竹林,很自然会有沙沙的声音,但风过之后,竹林连一点声音都没留下,仍旧归于沉寂;当大雁从寒潭飞过,固然会映出行行的雁影,但雁离去之后,寒潭连一点影子也没留下,依旧是一片晶莹。所以仁德君子一旦遇到事情时,仁心才开始显露,随着事情过后而仁心也就恢复了本来的空寂平静。

清能有容，仁能善断，明不伤察①，直不过矫，是谓蜜饯不甜，海味不咸，才是懿德②。

[注释]

①明不伤察：明白而不至苛察。②懿德：美德。

[译文]

清正廉洁而又有容忍的雅量，心地仁慈而又有当机立断的能力，精明聪慧而又有不失于苛察的胸襟，性情刚直而又有不矫枉过正的特点。这正是所谓的蜜饯虽然浸泡在糖水中却不太甜，鱼虾虽然产于海中却不太咸，一个人诸事都掌握在一个适中的分寸上，才是美德。

贫家净扫地，贫女净梳头；景色虽不艳丽，气度自是风雅。士君子当穷愁寥落①，奈何辄自废弛哉！

[注释]

①穷愁：因穷而忧伤。寥落：寂寞。

[译文]

贫穷的人家没有豪华的摆设，只要把卫生打扫得干干净净；穷人家的女儿没有华贵的服装，只要经常把自己打扮得整整齐齐。虽然说景象、颜色并不艳冶美丽，气度自然风雅不凡。读书人在家境穷困寂寞之际、遇坎坷之时，为什么就不能像贫家女那样自珍自爱，反要自暴自弃、不求上进呢？

闲中不放过，忙中有享用，静中不落空，动中有受用；暗中不欺隐①，明中有受用。

[注释]

①暗中不欺隐：也就是不欺暗室的意思。

[译文]

只有闲暇时也不轻易放弃一点一滴的时间,到了忙碌时才能享用闲时的积累。只有在静时也不虚度空过,注意充实积累,才能在担当重任急需时派上用场。只有在没人的隐蔽处也不干见不得人的事,才能够享受光明正大的好处。

念头起处,才觉①向欲路上去,便挽从理路上来。一起便觉,一觉便转,此是转祸为福,起死回生的关头,切莫当面错过。

[注释]

①觉:省悟、明白、知道。

[译文]

私心杂念产生时,刚刚发现走向了人欲的邪路,就赶快挽回到天理的路上来。一产生便发觉,一发觉就转变,这是把祸转变为福,起死回生的关键时刻,千万不要当面错过。

天薄我以福,吾厚吾德以迓①之;天劳我以形②,吾逸吾心以补之;天厄我以遇,吾亨吾道以通之。天且奈我何哉?

[注释]

①迓:迎。②劳我以形:使我的形体疲劳。

[译文]

如果老天爷不肯赐福予我,我就多做善事培养品德来对待它;如果老天爷让我的形体很疲劳,我则用恬逸的心去作为补偿;如果老天爷让我遭遇坎坷,我就主动自觉地开辟生路战胜困境来打开自己的通路。如此一来,老天爷又将奈我何呢?

贞士①无心徼福,天即就无心处牖其衷②;险人③著意避祸,天即就著意中夺其魄。可见天之机权④最神，人之智巧何益？

[注释]

①贞士：言行一致、守志不移的人。②牖（yǒu）其衷：启发其内心。牖，通"诱"，引导。③险人：邪恶的人。④机权：灵活变化。机，灵巧。权，变通。

[译文]

守志不移、言行如一的人虽无心邀福，天公顺势在他无心处诱导其内心（赐给幸福）；邪恶的人虽然用心躲避灾祸，天公也顺势在他用心处夺取其魂魄（祸临他头）。由此可见，天公灵活变化最为神验，人的小智小巧在上天面前实在无能为力，有什么作用呢？

声妓晚景从良①，一世之烟花②无碍；贞妇白头失守，半生之清苦俱非。语云："看人只看后半截。"真名言也。

[注释]

①声妓晚景从良：妓女嫁人之意。声妓，原指古代宫廷和贵族家中的歌伎舞女，这里泛指一般妓女。从良，古代的妓女属乐籍，嫁人前需要在乐籍上除名，叫出籍。嫁人叫从良。②烟花：妓女的代称。

[译文]

妓女老了嫁人（只要真从良，本分过日子），一生的妓女生涯都无妨碍；贞妇哪怕是晚年失去贞操，前半生的清苦都算白熬。俗语说："看人只看后半截。"这真是至理名言啊！

平民肯种德施惠①，便是无位的卿相；士夫徒贪权市宠②，竟成有爵的乞人。

[注释]

①种德施惠：行德施恩惠与人。②贪权市宠：贪恋权位争夺受宠。

[译文]

平民百姓若肯行仁德施恩惠，那就是没有名位的公卿宰相；士子大夫如果贪恋权势，争宠夺恩，那不就堕落成有爵位的乞丐了吗？

问祖宗之德泽①，吾身所享者是，当念其积累之难；问子孙之福祉②，吾身所贻者是，要思其倾覆之易。

[注释]

①德泽：德化和恩惠。②福祉：祉即是福，此处指福分。

[译文]

若问祖宗的德化和恩惠，我全身所享受的便是，此时应当想念祖宗一点一滴积累的艰难；若问子孙的福分如何，我身遗传下的便是，此时要考虑子孙倾覆祖业之容易。

君子之诈善①，无异小人之肆恶②，君子而改节，不若小人之自新。

[注释]

①诈善：伪善欺诈。②肆恶：肆意作恶。

[译文]

正人君子的伪善欺诈，无异于市井小人的肆意作恶；君子丧失节操，还不如小人的改过自新。

家人有过，不宜暴扬①，不宜轻弃。此事难言，借他事而隐讽②之；今日不悟，俟来日正警之。如春风之解冻，和气之消冰，才是家庭的型范。

[注释]

①暴扬：宣扬，泄露。②隐讽：托词婉转相劝。

[译文]

家里人有了过错，不应该到处宣扬，也不应该轻易放弃不管。这一件事难以直言，可以借其他事托词婉转相劝；今日不能一下子醒悟，等待来日再正告他。就像浩浩春风解冻土，和煦春日融寒冰，这才是家庭相处的典范。

此心常看的圆满，天下自无缺陷之世界；此心常放的宽平，天下自无险侧①之人情。

[注释]

①险侧：邪恶不正。

[译文]

如果你内心认为这个世界是圆满的，那么，天下自然是一个没有缺陷的完美世界；如果你内心认为这个社会的人情淳朴宽厚，那么，天下自然是一个没有邪恶的人情世界。

淡薄之士，必为浓艳者所疑；检饬①之人，多为放肆者所忌。君子处此，固不可少变其操履②，亦不可太露其锋芒。

[注释]

①检饬：检点约束，指人谨言慎行。②操履：操行。

[译文]

恬静清淡的士子，一定被醉心名利、生活奢侈的人所猜疑；谨言慎行处处检点的人，大多被邪恶放纵、无所忌惮的人所忌恨。君子生活在这样一个环境中，固然不应该因此而稍稍改变以往的操行，但也不可以太露锋芒了。

居逆境中，周身皆针砭药石①，砥节砺行②而不觉；处顺境内，眼前尽兵刃戈矛，销膏糜骨③而不知。

[注释]

①针砭：以石针刺穴治病。药石：药物的总称。②砥、砺：砥与砺都是磨刀石，细者为砥，粗者为砺。节：节操。行：德行。③销膏糜骨：销熔脂肪，糜烂骨头。销，销熔。膏，脂肪。糜，糜烂。

[译文]

人处在逆境之中,就好像全身都扎着针、敷着药,在不知不觉中,砥砺节操,锻炼德行;人处顺境之内,就好像面前堆满了阻挡前进的兵刃戈矛,在不知不觉中慢慢销熔风骨、腐蚀意志。

生长富贵丛中的嗜欲①如猛火,权势似烈焰。若不带些清冷气味,其火焰不至焚人,必将自焚。

[注释]

①嗜欲:嗜好和欲望。

[译文]

生长在富贵温柔之乡的人的嗜好和欲望犹如猛火一样地旺盛,其权势又像腾腾烈焰一样地灼人。如果不带一些清凉、寒冷的气味给降降温,其越烧越旺的火焰虽然不至于烧到别人,但一定会自己烧死自己的。

人心一真,便霜可飞①,城可陨②,金石可贯③。若伪妄之人,形骸徒具,真宰④已亡,对人则面目可憎,独居则形影自愧。

[注释]

①霜可飞:典出《太平御览》引《淮南子》记载:"邹衍事燕惠王尽忠,左右谮之王,王系之狱,仰天哭,夏五月,天为之下霜。"讲战国时邹衍因谮被害下狱,邹衍仰天大哭,时间正是夏天,老天忽然为之降霜。此事又见于《初学记》。②城可陨:典出刘向《列女传》:"齐杞梁殖战死,其妻哭于城下,十日而城崩。"这就是后来广泛流传的孟姜女哭倒长城的原始记载。陨,崩塌。③金石可贯:事见刘向《新序》:"昔者,楚熊渠子夜行,见寝石,以为伏虎,关弓射之,灭矢饮羽。下视,知石也。却复射之,矢摧无迹。熊渠子见其诚心,而金石为之开,况人心乎?"贯,穿。上面举的三个例子,都是说人心至诚,可以感天动地,出现奇迹。④真宰:指真心(身的主宰),也就是

真我。

[译文]

人心只要至诚,就可以感天动地,如六月飞霜,哭倒长城,箭穿金石,皆是至诚所致的结果。假如虚伪狂妄之人,已经丧失真心,白白剩下一副躯壳,那么,他与人相处,就会让人感到讨厌,在家独居自己也会感到惭愧内疚。

文章做到极处,无有他奇,只是恰好①;人品做到极处,无有他异,只是本然②。

[注释]

①恰好:恰到好处,不偏不倚,及而不过。②本然:自然。本,原始,本原。

[译文]

最美妙纯熟的文章,并没有其他出奇的,只是写得恰到好处;最高尚纯洁的人品,并没有其他特异的,只是达到自然本原的境界。

以幻迹①言,无论功名富贵,即肢体亦属委形②;以真境言,无论父母兄弟,即万物皆吾一体③。人能看的破、认的真,才可以任天下之负担,亦可脱世间之缰锁④。

[注释]

①幻迹:也就是幻尘,老庄与佛教都把人间看作虚幻的尘世,人生活在这个世界上只不过是寄迹其间罢了。②委形:典出《庄子·知北游》:"舜曰:吾身非吾有也,孰有之哉?(丞)曰:是天地之委形也。"陈鼓应先生翻译为:"舜说:我的身体不是我所保有,是谁所保有呢?(丞)说:这是天地所委付的形体。"委形,赋予的形体。③以真境言,无论父母兄弟,即万物皆吾一体:典见《庄子·齐游论》:"天地与我并生,而万物与我为一。"意即天地和我并存,而万物和我合为一体。这便是真境的意思。④缰锁:本来是系鸟的工

具，后指束缚人的缰绳枷锁，以此比喻束缚、拘束。

[译文]

从尘世无非虚幻这个角度说，功名富贵无非虚幻，就连人的肢体也是造化赋予的。从尘世是一个真实存在这个角度说，无论父母兄弟都是真实的，也就是天地万物已和我并存为一体了。人只有从绝对的角度看破世情，从相对的角度认真做事，这样才可以"出"担当天下之重任，"处"也可以脱离人间的束缚。

爽口之味，皆烂肠腐骨之药①，五分便无殃；快心之事，多损身败德之媒，五分便无悔。

[注释]

①爽口之味，皆烂肠腐骨之药：典见枚乘《七发》："甘脆肥脓，命曰腐肠之药。"甘脆即甘芳悦口的食物，悦口即爽口。

[译文]

甘芳悦口的美味，都是腐肠烂骨的药物，只享受五分才没祸殃；顺心快意的好事，多是致使损身败德的媒介，只有五分好事才不会到致祸时后悔。

不责人小过，不发人阴私，不念人旧恶；三者可以养德，亦可以远害。

[译文]

不苛责别人小的过错，不揭发别人隐秘的私事，不记挂别人过去的仇隙；做到这三条便可以修养德行，也可以远避加害。

天地有万古，此身不再得；人生只百年，此日最易过。幸生其间者，不可不知有生之乐，亦不可不怀虚生之忧。

[译文]

天地自然虽万古不尽，生命对自己却只有一次；人生又最多不过百年，百年内一天一天最容易过去。有幸生在天地之间的人，不可不晓得有这一次宝贵生命的快乐，也不可不怀有虚度生命的忧虑。

老来疾病，都是少时招得；衰时罪业，都是盛时作得。故持盈履满①，君子尤兢兢②焉。

[注释]

①持盈履满：意即保守鼎盛时的成业。持，守也。盈、满同义。履，行也。②兢兢：小心谨慎。

[译文]

年老时得的疾病，都是少年时候招致的；衰败时的罪业，都是兴盛时候种下的。所以，保守鼎盛时候的成业，有德行的君子格外小心谨慎。

市私恩①，不如扶公议②；结新知，不如敦③旧好；立荣名，不如种阴德；尚奇节，不如谨庸行。

[注释]

①市私恩：以小恩小惠的手段来收买人心。市，买。②公议：众人的议论。③敦：厚，加深。

[译文]

小恩小惠收买人心，不如扶持公众的议论；结交新朋友，不如加深旧知己；树立荣誉名声，不如多多暗中广施恩德；崇尚奇节异行，不如谨慎一下平常的行为。

公平正论不可犯手①，一犯手则贻羞万世；权门私窦②不可著一脚，一著脚则玷污终身。

[注释]

①犯手：违犯。②权门：权贵之家。私窦：私门，犹如今天的"后门"。

[译文]

公平正论不可违犯，一旦违犯就会万世被人羞耻；权贵的后门不可插上一脚，一旦走入邪路就会玷污终身。

曲意①而使人喜，不若直节②而使人忌；无善而致人誉，不如无恶而致人毁。

[注释]

①曲意：委屈己意而奉承别人。②直节：正直而有节操。

[译文]

曲己奉迎而招得别人高兴，不如正直有节而招得别人忌恨；没有善行而获得荣誉，不如没有恶行而遭到批评。

处父兄骨肉之变，宜从容，不宜激烈；遇朋友交游之失，宜剀切①，不宜优游②。

[注释]

①剀切：直截了当，恳切规劝。②优游：犹豫不决，不果断。

[译文]

处理父兄至亲之间的变故，应该不慌不忙地调解，不应过分急躁地去激化它；遇到朋友交游中的过失，应该直截了当地批评，而不应该犹豫不决地回避。

小处不渗漏①，暗处不欺隐②，末路③不怠荒④，才是真正英雄。

[注释]

①渗漏：典见宋袁燮《洁斋集》："故储蓄则为莫大之利，渗漏则为莫大之害。"渗漏本指浪费消耗，比喻做事小节上也不可粗心大意。②暗处不欺隐：虽然处于没人看见的暗处，也不做缺德败行的坏事。③末路：比喻失意潦倒，穷途衰败的境地。④怠荒：懒惰放荡，意即不要懒惰不要放荡。

[译文]

一个人做人做事必须处处小心谨慎,就是细微的地方也不可粗心大意;即使处在没人知道的暗处也不干见不得人的欺心事;即使处在失意潦倒的穷途也不懒惰放荡,这才是真正的英雄豪杰。

惊奇喜异者,终无远大之识;苦节独行①者,要有恒久之操。

[注释]
①苦节:艰苦卓绝,守志不渝。独行:志节高尚,不随俗浮沉。

[译文]
对于奇异行为既惊慌又喜好的人,毕竟没有远大的见识;敢于坚苦守志,气节高尚,不随俗浮沉的人,需要有持恒永久的操守。

当怒火欲水正腾沸时,明明知得,又明明犯着,知得是谁,犯着又是谁。此处能猛然转念,邪魔①便为真君②矣。

[注释]
①邪魔:佛教用语,指邪恶的魔鬼。这里借指人的各种欲念。②真君:主宰万物的上帝。《庄子·齐物论》:"百骸九窍六藏,赅而存焉,吾谁与为亲,汝皆说之乎,其有私焉。如是皆有为臣妾乎?其臣妾不足以相治乎?其递相为君臣乎?其有真君存焉。"成玄英疏:"真君即真宰也。"

[译文]
当怒火中烧、欲水横流的时候,明明知道这是人的情欲在心中作祟,又明明犯着这样的毛病。知道这毛病发作根源的是什么人,犯着这毛病的又是什么人。假如能够在这时猛然醒悟、转变念头,那么,各种欲念自息,而变动为符合天理的主宰。

毋偏信,而为奸所欺;毋自任,而为气所使。毋以己之长,而形人之短；毋以己之拙，而忌人之能。

[译文]

不要偏信偏听，而被奸诈欺骗；不要放纵任性，而被意气驱使用事。不要拿自己的长处，去比别人的短处；不要因为自己的愚拙，反而忌妒别人的贤能。

人之短处要曲为弥缝①，如暴而扬之，是以短攻短；人有顽固②，要善为化诲，如忿而嫉之，是以顽济顽。

[注释]

①弥缝：弥补缝合。②顽固：愚妄固执，不知变通。

[译文]

对人的短处要委婉地替他弥补缝合，如果将其短暴露宣扬，这是用自己的短处（揭人短也是做人的一个缺点）攻击别人的短处的做法；对愚妄固执的人，要善于教诲化愚，如果用激愤厌恶的态度来对待他，这是用自己的愚妄固执来帮助别人的愚妄固执。

遇沉沉①不语之士，且莫输心②；见悻悻③自好之人，应须防口。

[注释]

①沉沉：深沉，隐秘的样子。②输心：表示真心，推心置腹。③悻悻：愤恨不平，气量狭小。

[译文]

遇到深沉、隐秘莫测的人，暂且不要急于表示真心，和他推心置腹交朋友；见到气量狭小、愤恨不平且自我感觉良好的人，应该小心谨慎、少说为佳。

念头昏散处，要知提醒；念头吃紧时，要知放下。不然恐去昏昏之病，又来憧憧①之扰矣。

[注释]

①憧憧：摇曳不定貌，这里指忧惧疑惑不定的样子。

[译文]

念头昏乱的地方，要知道提醒自己；念头萦绕紧缠之时，要知道放得下，散得开。不然的话，恐怕刚刚摆脱糊涂迷乱的病状，又被忧惧不定的心神纠缠住了。

霁日青天，倏变为迅雷震电；疾风怒雨，倏转为朗月晴空。气机①何尝一毫凝滞，太虚②何尝一毫障蔽。人之心体亦当如是。

[注释]

①气：构成天地万物的本原物质。机：使气变化的本质力量。②太虚：天空。

[译文]

晴空万里，忽然变为雷鸣电闪；疾风怒雨，忽然转为朗月晴空。之所以如此者，因为宇宙间的气机一点也没有停止变化，天空一毫也不曾隐藏大自然的喜怒哀乐（变化）。人的心地行为也应当能像天空那般光明无私、像宇宙那样生机勃勃合乎理智准则。

胜私制欲之功，有曰识不早、力不易者；有曰识得破、忍不过者。盖识是一颗照魔的明珠①，力是一把斩魔的慧剑②，两不可少也。

[注释]

①照魔的明珠：照妖魔的明月珠。明月珠按《净土论注》（佛经）上说，把珠"置之浊水，水即清静；投之浊心，念念之中罪灭心净"。②慧剑：佛教用语。它让智慧能斩断烦恼及一切欲念之魔障，因名之曰慧剑。

[译文]

战胜私念制服欲心的功夫，有一种说法是由于没有及时发现私欲的害处而又没有坚定的意志去控制；还有一种说法是明知欲念的害处却又忍受不了物欲私利的诱惑（而没有这种功夫）。因此，"识"（认识意识）就像是一颗照耀魔障的明月珠，"力"（意志力、执行力）就像是一把斩断魔障的慧剑，真正想达到具有胜私制欲的功夫，"识"和"力"二者都是不可缺少的。

横逆①困穷，是锻炼豪杰的一副炉锤：能受其锻炼者，则身心交益；不受其锻炼者，则身心交损。

[注释]

①横逆：指意料不到的灾祸。

[译文]

意料不到的灾祸与穷愁困顿，是锻造磨炼英雄豪杰的一副烘炉和铁锤：如果能经受住锻炼的人，就会使身心两方面都受益；如果经受不住，就会使身心两方面都受损。

害人之心不可有，防人之心不可无，此戒疏于虑者；宁受人之欺，毋逆人之诈①，此警伤于察者，二语并存，精明浑厚矣。

[注释]

①逆人之诈：简称"逆诈"，意思是事先即猜疑别人存心欺诈。

[译文]

陷害别人之心不可以有，防别人陷害之心不可无，这是用来告诫那些思虑不周警惕性不高的人；宁愿受人的欺骗，也不要事前猜疑别人存心欺诈，这是用来警示那些警惕性过高戒备心强的人。这两个警世名句分别针对不同的人和事，假如人和人相处，人和事相遇时能时刻牢记上面两句话，那才算得上警惕性既高而又不失淳朴宽厚的为人之道。

毋因群疑而阻独见，毋任己意而废人言，毋私小惠而伤大体，毋借公论以快私情。

[译文]

不要因为大多数人都疑虑而影响自己的独到见解，不要固执己见而废弃别人之言论，不要因贪占小便宜而不顾大局，不要假借着公论来满足个人的私欲。

善人未能急亲①，不宜预扬②，恐来谗谮之奸③；恶人未能轻去，不宜先发，恐招媒蘖④之祸。

[注释]

①急亲：急忙与其亲近。②预扬：预先宣扬其德行善事。③来谗谮之奸：招来诽谤、诬蔑善人的奸谋坏人。谗谮，诽谤诬蔑之词。④媒蘖：媒，酒母。蘖，酒曲。二字合起来的本意是酝酿，后来引申为构陷诬害，酿成其罪。

[译文]

好人不能太急切地与其亲近，也不宜预先宣扬其德行善事，（因为）恐怕由此招来诽谤、诬蔑好人的奸谋或坏人；坏人不能很轻率地离开他，也不宜揭发其丑行坏事，（因为）恐怕由此招来被构陷诬害的大祸。

青天白日的节义，自暗室屋漏①中培来；旋转乾坤的经纶，从临深履薄②中操出。

[注释]

①暗室屋漏：屋漏与暗室同义。屋漏，房子的西北角，古人设床在屋的北窗旁，因为西北角上开有天窗，日光由此照射入室，故称屋漏。《诗经·大雅·抑》："相在尔室，尚不愧于屋漏。"《疏》云："屋漏者，室内处所之名。"孔颖达解释说："言无人之处，尚不愧之，况有人之处，不愧之可知也。"比喻人心地光明，不在暗中做坏事、起坏念头。②临深履薄：如临深渊，如履薄冰的简说。

[译文]

青天白日般光明磊落的节义，是从不欺暗室，不愧屋漏的艰苦环境中培养出来的；旋乾转坤般治理国家的本领，是从如临深渊、如履薄冰之谨慎严密的态度中磨炼出来的。

父慈子孝，兄友弟恭，纵做到极处，俱是合当如是，著不得一毫感激的念头；如施者任德①，受者怀恩，便是路人，便成市道②矣。

[注释]

①任德：听凭别人报德。②市道：市场交易原则。

[译文]

父亲慈爱，儿子孝顺，兄长友爱，弟弟恭敬，纵然做到无以复加的极致，这都是应该如此，不要产生一丝一毫感激的念头；如果施与的人听凭别人报德，受惠的人怀着感恩的心情，这就变成素不相识的陌路人拿德行在市场上做交易了。

炎凉之态，富贵更甚于贫贱；妒忌之心，骨肉尤狠于外人。此处若不当以冷肠，御以平气，鲜不日坐烦恼障①中矣。

[注释]

①烦恼障：佛教用语。以我执（人我见）为首的诸烦恼，认为这些烦恼能扰乱有情身心，能障涅槃，故名叫烦恼障。

[译文]

炎凉的人情世态，富贵人家比贫贱人家表现得更厉害；妒忌的心理，骨肉至亲比陌路之人流露得尤其凶狠。在这些地方如果不用冷静的态度去应付，或者不能用理智来驾驭控制自己的情绪，那就很少有人不是整日陷入烦恼之中的。

功过不宜少混，混则人怀惰隳①之心，恩仇不可太明，明则起携贰②之志。

[注释]

①惰隳：懈怠、苟且。隳，同"惰"。②携贰：离心。携，离。贰，二心。

[译文]

功劳与过错不应该混淆不分，如果混淆不分就会使人怀有懈怠、苟且之心，恩与仇不可以太分明，太分明就会使人产生疑心而发生背叛。

恶忌阴①，善忌阳②。故恶之显者祸浅，而隐者祸深；善之显者功小，而隐者功大。

[注释]

①恶忌阴：罪恶忌讳隐深。阴，暗、隐。②善忌阳：善行忌讳浅露。阳，表面、外露。

[译文]

罪恶忌讳隐深，善行忌讳浅露。所以，罪恶之明显、表浅者祸浅，而隐深、沉重者祸深；善行之浅露者功小，而隐深厚重者功大。

德者才之主，才者德之奴。有才无德，如家无主而奴用事①矣，几何不魍魉②猖狂。

[注释]

①用事：执事，掌权。②几何：若干，多少。魍魉：传说山川中的精怪。引申为各种各样的坏人。

[译文]

德行是才干的主人，才干是德行的奴仆。有才干而无德行，就像家中没有主人而奴仆在掌握执事一样，有多少不是坏人猖狂的呢？

锄奸杜幸①，要放他一条去路。若使之一无所容，便如塞鼠穴者：一切去路都塞尽，则一切好物都咬破矣。

[注释]

①锄奸杜幸：灭除奸邪，阻止佞幸。锄，灭除。杜，阻止。

[译文]

灭除奸邪，阻止佞幸时，要放给他一条退路。假如使他们毫无容身之地，就好像堵塞老鼠洞的人一样：把一切退路都堵塞住，那么，一切好物件都会被鼠咬破了。

士君子贫不能济物①者，遇人痴迷处，出一言提醒之；遇人急难处，出一言解救之，亦是无量功德。

[注释]

①济物：犹言济人、助人。

[译文]

君子贫穷没有财力助人，若遇见他人痴迷的地方，用良言点醒他；遇见他人危难的时候，用良策解救他，也算是无法计算的功德。

处己者①，触事皆成药石②；尤人者③，动念即是戈矛。一以辟众善之路，一以浚诸恶之源④，相去霄壤⑤矣。

[注释]

①处己者：正确对待自己的人。②药石：本是药物的总称，后来比喻规诫。③尤人：怨人、恨人。④浚诸恶之源：疏浚一切罪恶的根源。浚，深挖。⑤霄壤：云霄与土壤，喻相去甚远。

[译文]

对自己要求严格的人，所做的每件事都能成为治病的良药，警诫的规矩。处处怨恨别人的人，将一切过失都归咎于上天和他人，考虑解决问题的方法也是和别人怎么争斗。（这两种不同的处世态度和行为方式)一者开辟一切善事的通道,一者疏浚一切罪恶的根源,二者相比有天地之别。

    事业文章,随身销毁,而精神万古如新;功名富贵,逐世转移①,而气节千载一日②。君子信不当以彼易此也。

[注释]

①逐世转移:随着世情变化而转移。②千载一日:千年仿佛一日,比喻永恒不变。

[译文]

    事业和文章,都会随着身死而销毁,只有它的精神历万古如新。功名和富贵,都会随着世情变化而转移,只有气节千年如一日之恒久永存。可见一个有才德的君子是不会用一时的功名富贵来换取千古永恒的气节的。

    鱼网之设,鸿则罹其中①;螳螂之贪,雀又乘其后②。机里藏机③,变外生变,智巧何足恃哉!

[注释]

①鱼网之设,鸿则罹其中:典见《诗经·邶风·新台》:"鱼网之设,鸿则离之。"离、罹相通,附着、获得之意。闻一多考证"鸿"就是蛤蟆。译成白话是:本想张开网捕鱼,想不到蛤蟆却进了网。②螳螂之贪,雀又乘其后:典见《说苑·正谏》记载:舍人孺子对吴王说:"园中有树,其上有蝉,蝉高居悲鸣饮露,不知螳螂在其后也。螳螂委身曲附欲取蝉,而不知黄雀在其傍也,黄雀延颈欲啄螳螂,而不知弹丸在其下也。此三者皆务欲得其前利而不顾其后之有患也。"③机:弩机,机关。

[译文]

    本想张开网捕鱼,蛤蟆却进了网;螳螂本想取蝉,想不到黄雀又在后面打螳螂的主意了。可见机关里面藏着机关,变化外面又生变化,小智小巧又怎么敢仗恃呢?

作人无一点真恳的念头,便成个花子①,事事皆虚;涉世无一段圆活的机趣②,便是个木人,处处有碍。

[注释]

①花子:北方方言,即花朵儿。②机趣:机巧灵活的意味。

[译文]

做人如果没有一点真诚、恳切的念头,就好像变成一朵花儿一样,好看不中用,什么事都做不成;处世如果没有一些圆通随和的意味,就像个木头人儿,无论做什么都会到处碰壁,处处有障碍。

有一念而犯鬼神之忌,一言而伤天地之和,一事而酿子孙之祸者,最宜切戒。

[译文]

假如有一个念头能触犯鬼神的忌讳,说一句话能损伤天地阴阳之和顺,做一件事能酿成子孙之祸患的话,这些都是最应该警诫的。

事有急之不白者①,宽之或自明,毋躁急以速其忿;人有操之不从者②,纵之或自化③,毋操切以益其顽。

[注释]

①急之不白:越急忙解释越解释不清楚,或越急切表白心迹越得不到别人的相信。②操之不从:越急切地拉人跟随自己别人越不随从。③纵之或自化:意思用《老子》第五十七章"我无为而民自化"。任继愈先生译为:"我无为,人民自顺化然。"纵之,放纵他。因我"无为",使他自在自便。自化,自然顺化。

[译文]

有些事情越急忙解释越说不明白,那就应该不急表白或就不表白,让时间来作证,这样或许会自然清楚,千万不要因急躁反而加深误解造成怨怼；有的人越急切地拉他跟随自己越不随从，那就应该放纵他，使他自便自在，这样或者会不拉他而自然顺化，千万不要因勉强他反而使他更顽劣不驯。

节义傲青云，文章高《白雪》，若不以德性陶熔①之，终为血气之私②，技艺之末。

[注释]

①陶熔：比喻化育、陶冶、熔炼。②血气之私：因私情而产生的一时冲动。

[译文]

纵然节操与义行傲视青天白云，文章典雅杰出犹如《阳春白雪》，假如不用德行去陶冶、熔炼它，节义不过是因私情而产生的一时冲动，文章也不过是技艺中的末流。

谢事①当谢于正盛之时，居身宜居于独后②之地；谨德须谨于至微之事，施恩务施于不报之人。

[注释]

①谢事：不管事，后比喻辞官。谢，推辞、拒绝。②独后：只有自己在最后，指不与人争先。

[译文]

辞官应当在事业最鼎盛的时候。居家养身住处应该选择在与世无争的清静的地方；谨守道德必须从最小的事做起，施恩务必施给不报恩的人。

德者事业之基，未有基不固而栋宇①坚久者；心者修行之根，未有根不植而枝叶荣茂者。

[注释]

①栋宇：泛指房屋。栋，屋子的正梁。宇，屋檐。

[译文]

德是事业的基础，没有基础不坚固而房屋能坚固持久的；心是修行的根本，没有根不栽种至地里而枝叶能繁荣茂盛的。

道是一件公众的物事①，当随人而接引②；学是一个寻常的家饭，当随事而警惕。

[注释]

①物事：事情。②接引：佛教用语，佛教认为接引便是佛引导众生入西方净土。

[译文]

"道"是一件属于公众的事物，大家都可以追求、都要做的事情，应当根据各人的性情特点来加以引导；"学"犹如家常便饭那样平常，对口味的要求因人而异，应当随时随事而留心在意，处处留心，都是学问。

念头宽厚的，如春风煦育①，万物遭之而生；念头忌克的，如朔雪阴凝②，万物遭之而死。

[注释]

①煦育：温暖使万物萌发生长。煦，温暖。②朔：北方。阴凝：雪因阴冷积而不化。

[译文]

念头宽厚、忠厚老实的人，就好像和暖的春风使万物萌发生长；念头忌刻、内心刻毒的人，就好像北方的寒雪阴冷不化，万物遇到它会因此而死亡。

勤者，敏于德义，而世人借勤以济其贪；俭者，淡于货利，而世人假俭以饰其吝。君子持身之符①，反为小人营私之具②矣，惜哉！

[注释]

①持身之符：行事的准则，修身的法宝。符，古代朝廷用以传达命令、调兵遣将的凭证。此引申为修身办事的准则。②营私之具：谋求私利的工具。营私，谋求私利。

[译文]

勤劳的人，勤勉于德行义声，而世俗小人却假借勤的招牌用来满足自己的贪心；俭朴的人，淡泊于财货利益，而世俗小人却假借俭的名义以掩盖自己的吝啬。君子修身的法宝，反而成为小人谋求私利的工具了，可惜啊可惜！

人之过误宜恕，而在己则不可恕；己之困辱宜忍①，而在人则不可忍。

[注释]

①困辱：艰难屈辱。忍，忍耐、容忍。

[译文]

对别人的过错应该抱着宽容的态度，若是自己的过错就不可宽恕；自己在艰难屈辱之时应该容忍克制，若是别人处在艰难屈辱的环境中那就不要等待了，而应赶快帮助别人。

恩宜自淡而浓，先浓后淡者，人忘其惠；威宜自严而宽，先宽后严者，人怨其酷。

[译文]

对别人的恩惠应该从淡慢慢到浓，假如开始很浓，后来淡薄的话，别人便会忘记对他的惠泽；自己的威严应该从严渐渐到宽，假如开始很宽，后来严格的话，别人便会怨恨你的严酷。

士君子处权门要路①，操履②要严明，心气要和易；毋少随而近腥膻③之党，亦毋过激而犯蜂虿④之毒。

[注释]

①权门要路：权贵之门和重要的道路。②操履：操守和行事。③腥膻：比喻秽恶的事物。④蜂虿（chài）：蜂与蝎，毒虫的泛称。比喻恶毒小人。

[译文]

君子如果处在权门要路之中，操守行事都要严明，心气要和顺平易；不要有一点随俗而与奸人恶党混在一起，也不要太过激而惹住坏人，从而遭到坏人的构陷。

遇欺诈的人，以诚心感动之；遇暴戾的人，以和气熏蒸①之；遇倾邪私曲②的人，以名义气节激励之，天下无不入我陶熔中矣。

[注释]

①熏蒸：熏染陶冶。②倾邪私曲：歪斜不公正。比喻狭邪不正的人。

[译文]

遇到欺骗敲诈的人，用真诚的心去感动他；遇到粗暴强横的人，用和气去熏染陶冶他；遇到狭邪不正的人，用名义气节去激发鼓励他，天下的人没有不进入我道德的熔炉之中进行锻铸的。

一念慈祥，可以酝酿两间①和气；寸心洁白，可以昭垂②百代清芬③。

[注释]

①两间：天地之间。②昭垂：昭明流布。垂，流布。③清芬：本意为清香，比喻德行高洁。

[译文]

有一念的慈祥，便可以调和天地之间的和合之气；有寸心的洁白，便可以使昭名流布百代，名垂千古。

阴谋怪习，异行奇能，俱是涉世的祸胎；只一个庸德庸行①，便可以完混沌②而招和平。

[注释]

①庸德庸行：平常的德能和一般的行为。②完混沌：使淳朴浑厚的心神完全而无损。混沌，古人认为开天辟地以前世界的样子是一片混沌，这里指淳朴浑厚的本原心神。

[译文]

阴谋怪习，异行奇能，这些都是经历世事中的惹祸的胚胎；其实只要谨守一般的道德准则，具备常人的行为，有一颗平常心，甘做一个平凡人，就可以使淳朴浑厚的心神完全无损，并因此平平安安、幸福和顺。

语云："登山耐险路，踏雪耐危桥。"一"耐"字极有意味。如倾险①之人情，坎坷之世道，若不得一耐字撑持过去，几何不堕入榛莽坑堑②哉！

[注释]

①倾险：指邪辟险恶的用心。②榛莽：杂乱丛生的草木。坑堑：土坑和壕沟。

[译文]

俗语说："登山要耐得住能攀登过狭窄陡峻的小路，踏雪要耐得住能走过又险又滑的危桥。"可见一个"耐"字很让人咀嚼有味。譬如人生活在一个人情险诈、世道坎坷的社会中，如果不用一个"耐"字来作为精神支柱，并时常以此鼓励自己顶住、坚持住，又有几人不掉进生活的乱草丛与土壕沟里呢？

夸逞功业，炫耀文章，皆是靠外物做人。不知心体莹然①，本来不失；即无寸功只字，亦自有堂堂正正做人处。

[注释]

①心体莹然：从里（内心）到外（形体）都晶莹透明。指人心地光明纯洁。

[译文]

靠夸逞自己的功业、炫耀自己的文章来做人的人，都是依靠身外之物做身外人。不知道若能心地晶莹纯洁，才真正保持了人的本性；这样的人即使没有建立一点功业，没有写出片言只语，也仍然有他堂堂正正、光明磊落做人之处。

不昧己心，不拂人情，不竭①物力，三者可以为天地立心，为生民立命，为子孙造福②。

[注释]

①竭：穷尽。②"为天地立心"三句：源自张载："为天地立心，为生民立命，为往圣继绝学，为万世开太平。"（各本有异文，此据清黄宗羲《宋元学案·横渠学案上》）冯友兰解释说："'为天地立心'，就是把人的思维能力发展到最高的限度，天地间的事物和规律得到最多和最高理解。'为生民立道'，这个'道'字可以理解为'为人'的道理。周惇颐说：'圣人定之以中正仁义而主静，立人极焉。'（《太极图说》）所谓的'人极'，就是为人的标准。张载的'为生民立道'也是这个意思。"洪应明借张载句改为以上三句，意即心乃公心，命乃原则。

[译文]

不掩蔽自己的良心，不违背一般人之常情，不穷尽物力财力，做到这三点——不昧心、顺人情、节用度，便可以为天地立心，为生民立命，为子孙造福。

居官有二语，曰"惟公"，则生明；"惟廉"，则生威。居家有二语，曰"惟恕"，则平情；"惟俭"，则足用。

[译文]

做官有两句话：谓"惟公"，即一心为公就能明辨是非，明察秋毫；谓"惟廉"，即清正廉洁就能威而不猛，威严自生。管理家庭也有两句话：谓"惟恕"，讲恕道宽容就会心平气和，不偏不向；谓"惟俭"，俭朴持家就不会入不敷出，而会节省盈余。

处富贵之地，要知贫贱的痛痒；当少壮之时，须念衰老的辛酸。

[译文]

人生活在富贵的环境中，应该知道贫贱人家的疾苦痛痒；人正当年富力强的时候，必须想想年老体衰时的艰难辛酸。

持身不可太皎洁，一切污辱垢秽要茹纳得；与人不可太分明，一切善恶贤愚要包容得。

[译文]

立身处世不要太洁身自好，一切污辱垢秽都要能容受含纳；和人相处也不可太分明，一切好坏贤愚都要能包容得了。

休与小人仇雠①，小人自有对头；休向君子谄媚，君子原无私惠②。

[注释]

①仇雠（chóu）：仇人。②私惠：私人的恩惠。

[译文]

不要与小人结怨成仇，小人自有冤家对头；也不要向君子谄谀献媚，因为你献媚也没用，君子原本就没有私人的恩惠。

磨砺①当如百炼之金，急就者非邃养②；施为宜似千钧之弩，轻发者无宏功。

[注释]

①磨砺：磨炼。②邃养：精深的修养。邃，深。

[译文]

磨炼自己的意志就应当像百炼之金那样反复磨砺锻炼，急于成就事业的人并没有精深的修养；干事情就好像千钧之弩那样积力蓄势，如果随便地、轻轻地发射出去也不会有很大的功劳。

建功立业者，多虚圆①之士；偾事②失机者，必执拗之人。

[注释]

①虚圆：虚心圆通之人。②偾事：败事。偾（fèn），毁坏，败坏。

[译文]

能够建功立业的人，大多是虚心圆通的人；败事失机的人，一定是固执拗戾的人。

俭，美德也，过则悭吝，为鄙啬，反伤雅道；让，懿行①也，过则为足恭②，为曲礼③，多出机心。

[注释]

①懿行：犹言善行。②足恭：过分地恭顺。典见《论语·公冶长》："子曰：巧言、令色、足恭，左丘明耻之，丘亦耻之。"杨伯峻先生译："孔子说：花言巧语，伪善的容貌，十足的恭顺，这种态度左丘明认为可耻，我也认为可耻。"③曲礼：不正之礼。

[译文]

俭朴本来是一种美德，如果过分了则变为吝啬，一旦变为鄙啬，反而会伤雅道；谦让，本来是一种善行，如果过分了则变为足恭，这种过分的不正之礼背后，大多藏有机心。

毋忧拂意，毋喜快心，毋恃久安，毋惮初难。

[译文]

不要为不顺心的事而忧伤,不要为快心的事而高兴,不要仗恃长久平安,不要害怕什么事刚开头的困难。

饮宴之乐多,不是个好人家;声华①之习胜,不是个好士子;名位之念重,不是个好臣子②。

[注释]

①声华:声誉光耀。②臣子:百官,此泛指官吏。

[译文]

酒宴的欢乐太多,不是好人家所为;整天想着自己的声誉光耀如何如何,不是好士子的追求;名誉地位的念头太重,不是个好官吏应思考的。

仁人心地宽舒①,便福厚而庆长②,事事成个宽舒气象;鄙夫念头迫促,便禄薄而泽短,事事成个迫促规模。

[注释]

①宽舒:宽厚舒徐。②庆长:福长意。庆,幸福,善。

[译文]

心地仁慈的人,心地宽厚舒徐,因而能福厚又庆长,事事都有个宽厚舒徐的气象;粗鄙狭隘的人念头急迫促狭,因而便禄俸薄又惠泽短,事事都变成了急迫促狭的样子。

用人不宜刻①,刻者思效者去;交友不宜滥②,滥则贡谀③者来。

[注释]

①刻:苛刻。②交友不宜滥:典见《论语·季氏》:"益者三友,损者三友。友直,友谅,友多闻,益矣;友便辟,友善柔,友便佞,损矣。"③贡谀:献谄媚之辞予以逢迎。

[译文]

用人不宜太苛刻，一苛刻想效力者就会离去；交友不宜太滥太杂，一杂滥献谄谀之辞者就会前来。

大人不可不畏，畏大人①则无放逸之心；小民亦不可不畏，畏小民则无豪横②之名。

[注释]

①畏大人：典见《论语·季氏》："孔子曰：君子有三畏，畏天命，畏大人，畏圣人之言。"杨伯峻先生译成白话是："孔子说：君子害怕的有三件事：怕天命，怕王公大人，怕圣人的言语。"大人，古代对居高位的人叫大人，对于有道德的人也叫大人。②豪横：恃强横暴。

[译文]

对有德行在高位的大人不可不敬畏，如果敬畏大人所代表的法制礼制的话，就会没有逾制僭位等放纵之心；对无权无势的小民也不可不害怕，如果害怕小民常常反映民心天意的话，就会为了顺应民心而没有恃强横暴的恶名。

事情拂逆，便思不如我的人，则怨尤①自消；心稍怠荒②，便思胜似我的人，则精神自奋。

[注释]

①怨尤：埋怨、不满。怨、尤同义。②怠荒：懒惰放荡。

[译文]

遇事不顺心的时候，便想想不如我的人，这样怨尤就会自动消失；心思稍懒惰放荡，便想想胜似我的人，这样就会精神振奋。

不可趁喜而轻诺，不可因醉而生嗔，不可乘恢①而多事，不可因倦而鲜终。

[注释]

①乘恢：趁事业扩大。恢，大。

[译文]

不可趁喜欢之机便轻易对人承诺许愿，不可趁酒醉而产生愤恨（俗谓借酒发疯），不可趁事业兴旺而惹事找碴，不可趁倦怠之机而将事情半途而废。

钓水，逸事也，尚持生杀之柄；奕棋①，清戏也，且动战争之心。可见喜事②不如省事之为适，多能不如无能之全真③。

[注释]

①奕棋：下棋。奕，通"弈"，下棋。②喜事：好事、多事。③全真：保持本性，使心灵不受损害。真，真性、本性。

[译文]

水边钓鱼，本是清闲脱俗之事，尚且还操持鱼类的生杀大权；下棋本是清闲安逸的游戏，尚且如战争一样攻城略地，你打我围。由此可见多事倒不如没事更为悠闲自在，有多种能耐倒不如没有能耐更能保持本性纯真。

听静夜之钟声，唤醒梦中之梦；观澄潭之月影，窥见身外之身①。

[注释]

①澄潭之月影：即惯常所说的水中月，指虚幻的月亮。澄，水静而清。身外之身：指肉身之外的涅槃之身。前"身"为虚幻之身（肉身），后"身"为涅槃境界之身（真身）。

[译文]

夜阑人静之时听到悠悠的钟声，难道还不能唤醒人生这一场虚妄中的梦幻吗？从清澈的水潭中观看夜月倒影，是否从中可以窥见自己肉身之外的涅槃之身呢？

鸟语虫声，总是传心①之诀；花英草色，无非见道②之文。学者要天机清彻③，胸次玲珑，触物皆有会心处。

[注释]

①传心：佛家用语。意思是不用语言文字，用心传于心。②见道：佛家用语。也叫"见谛道"、"见谛"。能体会唯识真如，并因其初次明见唯识"真理"，故称见道。③天机：天赋的悟性。

[译文]

在一心向道的人那儿，鸟的语言和虫的鸣叫声虽然听不懂，但都是表达了它们自己的感情；花的艳丽和草的青葱，里面无不蕴藏着大自然的奥妙之文。所以，修道的人只要天赋清澄透明，胸怀空明，接触任何事物都会有悟道的感受。

人解读有字书，不解读无字书；知弹有弦琴，不知弹无弦琴。以迹用，不以神用①，何以得琴书佳处？

[注释]

①以迹用，不以神用：凭形迹来读书弹琴，而不是用神思妙悟书、琴。迹，形迹。神，神思。

[译文]

人懂得去读有字的书，不懂得去读无字的书；知道去弹有弦的琴，不知道弹无弦琴。凭形迹来读书弹琴，而不是用神思妙悟书和琴，又如何能获得琴书的真正妙处呢？

山河大地已属微尘①，而况尘中之尘；血肉身躯且归泡影，而况影外之影。非上上智，无了了②心。

[注释]

①微尘：佛教语，指极细小的物质。②了了：聪明伶俐，明白事理。典见《世说新语·言语》："小时了了，大未必佳。"

[译文]

山河大地在整个大自然中属于很小的微尘，何况还有比它更小的微尘中的微尘呢！血肉之躯尚且归之虚幻的泡影，何况还有泡影的泡影呢！不是最上等的智慧，便没有明白透悟的心。

石火①光中争长竞短，几何光阴？蜗牛角上较雌论雄②，许大世界？

[注释]

①石火：击石所生发的明火星，因其一发即灭，故多用石火比喻极短暂。②蜗牛角上较雌论雄：典见《庄子·则阳》："有国于蜗之左角者，曰触氏；有国于蜗之右角者，曰蛮氏。时相与争地而战。"蜗牛已是很小，何况又是蜗牛角，比喻极小极小的地方。

[译文]

在那一发即灭中的石火星中争长争短，即使长者又有多少光阴？在那小小的蜗牛角上争夺地盘，就是全部争来又有多大的地方？

有浮云富贵①之风，而不必岩栖穴处；无膏肓泉石②之癖，而常自醉酒枕诗。竞逐听人③，而不嫌尽醉；恬淡适己④，而不夸独醒。此释氏所谓"不为法缠，不为空缠⑤，身心两自在"者。

[注释]

①浮云富贵：典见《论语·述而》："不义而富且贵，于我如浮云。"杨伯峻译为："干不正当的事而得来的富贵，我看来好像浮云。"这里的意思也即把富贵看作浮云。②膏肓泉石：酷爱山水泉石达到不可救药的程度。膏肓，后也指绝症。③竞逐听人：跟从别人竞高争低。竞逐，竞争、角逐。听人，跟从别人。④恬淡适己：安静闲适，身心安逸。⑤释氏：即释迦牟尼，佛教的创

始人，可泛指佛。法、空：都是佛教用语。法，泛指一切事物和现象。空，指一切事物和现象都是因缘（条件）和合而成，是虚幻不真实的。缠：束缚。

[译文]

如果真有视富贵如浮云的高风亮节的人，倒不一定非住在岩石洞穴中才算高人；没有人酷爱山水泉石达到不可救药程度，却常常独自醉酒枕诗的。听任别人在尘世中竞高争低，并不嫌弃他们全部迷醉在滔滔人欲之中；恬静闲适、身心安逸真正与世无争，也不夸自己"独醒"。此便是释迦牟尼氏所说的"既不被物欲所蒙蔽，也不被空寂所困扰，身与心两方面都悠然自得"的高人。

延促①由于一念，宽窄系之寸心。故机闲②者一日遥于千古，意宽者斗室广于两间③。

[注释]

①延促：延长或促短。②机闲：心神闲逸。③斗室：形容狭小的房间。两间：指天地之间。

[译文]

就时空的相对论来讲，时间的长和短大多出于一种心理感受，空间的宽和窄维系于寸心的观念。所以，心神闲逸的人在一天之内能上遥接于千古，意思宽厚的人身居斗室之内却和身寄天地之间一样宽广。

都来眼前事①，知足者，仙境；不知足者，凡境。总出世上因，善用者，生机；不善用者，杀机。

[注释]

①都来眼前事：此句与后面"总出世上因"本来是一联句，作者这里拆开来分领上下两层意思，成为一个长流水对，插入的内容成为上下联的补充。

[译文]

凡是在眼前出现的一切事物，总是由多种因缘和合而生：万事知足的人，境界已在仙境；诸事不知足的人，仍然是凡境中人。善于运用各种因缘的，常常出现生机；不善于运用各种因缘的人，很可能处处充满危机。

趋炎附势之祸，甚惨亦甚速；栖适守逸①之味，最淡亦最长。

[注释]

①栖适：居住闲适。守逸：笃于安逸闲居。

[译文]

依附权势的祸患一旦到来，很惨也很快；栖适守逸的味道虽然清淡但也最长久。

色欲火炽，而一念及病时，便兴似寒灰①；名利饴甘，而一想到死地，便味如嚼蜡。故人常忧死虑病，亦可消幻业而长道心②。

[注释]

①兴似寒灰：兴趣变得灰冷，即俗语云万念俱灰的意思。②幻业：佛教认为世事虚幻，一切不过是幻影，这里指名利色欲等事。道心：悟道之心。

[译文]

当色欲的火烧得正炽烈时，如果一想到纵欲会得病，一想到"皓齿蛾眉，命曰伐性之斧"之句时，就会使一团热火变成一堆寒灰。正当追逐名利像吃美味甘甜的食品一样令人着迷时，而一旦想到人总不过一死的规律，这些美味还有什么味道呢？所以，人们常常忧死虑病并非全是消极、坏事，它也可以消灭幻业，增长道心。

争先的，径路窄，退后一步，自宽平一步；浓艳的，滋味短，清淡一分，自悠长一分。

[译文]

争先恐后的,道路常常狭窄,如能退后一步,自然道路会宽平一步;浓厚艳丽的,往往无法回味,若是清淡一分自然其味道悠长一分。

隐逸林中无荣辱,道义路上泯炎凉。进步处便思退步,庶免触藩①之祸;著手时先图放手,才脱骑虎之危。

[注释]

①触藩:又称"羝羊触藩",意为公羊角挂在篱笆上,被篱笆缠住,进退两难。

[译文]

隐居山林之中便不会再有尘世中荣辱的苦恼,在追求道义的征途中则没有世态炎凉的恶习。如果能在进步的时候便想到退一步的话,则似乎可以避免羝羊触藩的祸事;只有在得手时自己先想到放手,才能躲开骑虎难下的危险。

贪得者,分金恨不得玉,封侯怨不授公,权豪自甘乞丐①;知足者,藜羹旨于膏粱②,布袍暖于狐貉③,编民④不让王公。

[注释]

①权豪自甘乞丐:意谓身为权豪却甘心沦落为物质、名位的乞丐。②藜羹旨于膏粱:意谓粗茶淡饭胜过精美食物。藜羹,用嫩藜做的羹饭,比喻粗劣的食物。膏粱,比喻精美的食物。膏,肉之肥者。粱,饭之精者。③狐貉:指狐皮与貉皮做的衣服。狐皮貉皮都是珍贵的裘料。④编民:编入户籍的平民。

[译文]

贪得无厌的人,分到金又恨没得到美玉,封到侯又埋怨为什么不封给公的爵位,本是达官贵人却甘心沦为物质上的乞丐、名位上的奴隶。知足常乐的人,吃粗茶淡饭却感到像精美食物一样味美合口,穿粗布袍子觉得比狐貉皮衣还温暖,有这样的境界和心态,虽然是一般老百姓，其快乐也不亚于王公大人了。

矜名①不如逃名趣，练事②何如省事闲。孤云出岫③，去留一无所系；朗镜悬空，静燥而不相干。

[注释]

①矜名：自负声名。②练事：对事情有深入研究，办事有一套。③孤云：单独飘浮的云片。岫（xiù）：峰峦。

[译文]

自负声名到处炫耀不如躲避名声更有趣味，办事干练熟谙世事还不如减省一事更为轻闲。孤云出峰峦，是去是留毫无羁绊；一轮明月悬在天空，世间的寂静或喧闹和它互不相干。

山林是胜地，一营恋①便成市朝②；书画是雅事，一贪痴便成商贾。盖心无染着③，欲境是仙都④；心有系牵，乐境成悲地。

[注释]

①营恋：迷恋。②市朝：指争名夺利的地方。市，商品交易的场所。朝，中央和地方高级官吏治理政务处。③染着：佛教用语，指爱欲之心被外物浸染，执着不离。④仙都：神仙居住的地方。

[译文]

山林本来是高人隐居的胜地，一旦迷恋上就成了待价而沽的名利之所；书画本是读书人的高雅之事，一旦从中产生贪痴之想便成为鄙俗的商人。心只要不被外物浸染，保持本性，即使处在人欲横流之中，仍能保持内心清静无欲的仙境；心一旦有所系恋牵挂，即使神仙的乐境也会变成欲海横流的悲惨之地。

时当喧杂①，则平日所记忆者皆漫然忘去；境在清宁，则夙昔②所遗忘者又恍尔③现前。可见静躁稍分，昏明顿异。

[注释]

①时当喧杂：原文作"当时喧杂"，与下句"境在清宁"不对，故径改为"时当"以工对。②夙昔：往时、昔日。③恍尔：恍然。

[译文]

若处在喧闹混杂的环境中，心情浮躁，连平时所记得的东西都模模糊糊忘记了；若处在清宁的环境之中，心平神静，就是往日已经遗忘的事情这时也可能顿时显现在眼前。由此可见，一静一躁稍微不同，则头脑昏然与明晰大相径庭。

芦花被①下卧雪眠云②，保全得一窝夜气③；竹叶杯④中吟风弄月，躲离了万丈红尘。

[注释]

①芦花被：以芦苇花絮装成的被子。②卧雪眠云：比喻高人远离红尘，保全本性的特举异行。卧雪，典见《后汉书·袁安传》"后举孝廉"《注》引《汝南先贤传》："时大雪积地丈余，洛阳令身出案行，见人家皆除雪出。有乞食者，至袁安门，无有行路，谓安已死。令人除雪入户，见安僵卧。问何以不出。安曰：'大雪人皆饿，不宜干人。'令以为贤，举为孝廉。"后以袁安卧雪为贤人作为。眠云，指山中隐居，因山中多云故称。③夜气：因夜晚的空气清凉明净，借以比喻清明纯净的心境。④竹叶杯：指酒杯。

[译文]

在芦苇花絮成的被子里，就像躺卧在洁白的雪花和云朵上睡眠，仍可保持清明纯净的心境。端着竹叶杯喝酒吟诗作赋，是多么悠闲自在啊！之所以能如此，是因他们已躲开了红尘的羁绊。

出世之道即在涉世中，不必绝人①以逃世；了心②之功即在尽心③内，不必绝欲以灰心。

[注释]

①绝人：断绝与人的一切来往。②了心：使心了悟。③尽心：典见《孟

子·尽心上》：孟子说："尽其心者，知其性也。"杨伯峻先生译为白话是："孟子说：'充分扩张善良的本心，这就是懂得了人的本性。'"因而"尽心"作为一种内心修省的方法便是扩张善良的本心。

[译文]

出世的道路就在入世之中，不一定非得采取断绝与人的一切来往的逃世之法；使心了悟的功夫就在扩张善良的本心方面，不一定非得采取弃绝人的一切欲念这种万念俱灰的措施。

此身常放在闲处，荣辱得失谁能差遣我；此心常安在静中，是非利害谁能瞒昧我？

[译文]

如果把自己的身心经常置放在清闲之处，那么，名利场中的荣辱得失四者谁还能驱使我忙这忙那吗？如果把自己的身心经常安放在寂静之中，那么，热闹场中的是非利害四者谁还能瞒哄得了我呢？

我不希荣①，何忧乎利禄之香饵②？我不竞进，何畏乎仕宦之危机？

[注释]

①希荣：希求荣禄。②香饵：渔猎时所用的诱物，此处引申为诱人上钩的事物。

[译文]

我如果不希求荣禄，还会担心上以利禄为诱饵的钩吗？我如果不与别人竞争角逐，还会害怕仕途险恶、人心莫测吗？

多藏厚亡①，故知富不如贫之无虑；高步疾颠②，故知贵不如贱之常安。

[注释]

①多藏厚亡：意思是收藏得多，丧失得也相应多。②高步疾颠：意思是步迈得高容易跌倒得快。

[译文]

收藏得多，丧失得也多，所以，知道了富贵不如贫贱之家没有那么多忧虑；步迈得高，跌倒得也快，所以，知道了高贵不如下贱者之常安太平。

世人只缘认得"我"字太真，故多种种嗜好，种种烦恼。前人云："不复知有我，安知物为贵？"又云："知身不是我，烦恼更何侵？"真破的之言①也。

[注释]

①破的之言：意谓一言破的。的，箭靶的中心。

[译文]

世俗之人只因为把"我"字认得太真，一切以我为中心，所以才产生种种嗜好，种种烦恼。前人说："如果不知道有我的存在，怎么还能够知道物之贵重？"又说："如果知道身体只不过是一躯臭皮囊，并不是真我，人生的一切烦恼又怎么能侵袭到内心中来呢？"这真是一句话击中要害，多中肯啊！

人情世态倏忽万端，不宜认得太真。尧夫①云："昔日所云我，今朝却是伊。不知今日我，又属后来谁。"②人常作是观，便可解却胸中罥③矣。

[注释]

①尧夫：北宋理学家邵雍的字，有诗集《伊川击壤集》传世。②"昔日所云我"四句与邵雍《寄曹州李审言龙图》诗句有出入。③罥（juàn）：缠绕。

[译文]

人情世态倏忽万变,不应该太认真古板,邵尧夫说:"昔日说的我,今天变成你。不知今日我,后来再变谁。"假如人们能常常作如是观,就可以解开缠绕胸中的郁结了。

有一乐境界,就有一不乐的相对待;有一好光景,就有一不好的相乘除①。只是寻常家饭,素位②风光,才是个安乐窝巢。

[注释]

①乘除:抵消。意思是一乘一除,仍是原数。②素位:现在所处的位置。《礼记·中庸》:"君子素其位而行,不愿乎其外。"翻译成白话是:君子只按眼前所处地位行事,不羡慕其他。

[译文]

有一个快乐的境界,就有一个不快乐的境界相对应;有一个好光景,就有一个不好的光景相抵消。可见有乐必有苦,有好必有坏,只有寻常家饭,素位风光、平平凡凡、安分守己才是人生永久的安乐窝。

知成之必败,则求成之心不必太坚;知生之必死,则保生之道不必过劳。

[译文]

知道有成功就必然有失败,追求成功的心理不必要太坚定不移;知道有生就必然有死,那就应该懂得养生之道不必要过于劳苦费神。

眼看西晋之荆榛,犹矜白刃①;身属北邙之狐兔②,尚惜黄金。语云:"猛兽易伏,人心难降。溪壑③易填,人心难满。"信哉!

[注释]

①眼看西晋之荆榛，犹矜白刃：典出《晋书·李靖传》："靖有先识远量，知天下将乱，指洛阳宫门铜驼，叹曰：'会见汝在荆棘中耳！'"荆榛，本指丛生有刺的灌木，后比喻世道纷乱残破。矜白刃，犹如崇尚武功。矜，崇尚，自恃。白刃，锋利的刀。②身属北邙之狐兔：北邙即北邙山，在今河南西部。汉魏以来，邙山成为王侯公卿贵族安葬的墓地，后来便称北邙为墓地的代称。墓地中狐兔出没、蒿草过膝，一片荒凉景象，竟不足以警示后人之悟心，故下面说"尚惜黄金"。③溪壑：本意是溪谷沟壑，后比喻贪得无厌的欲望。

[译文]

眼看着西晋纷乱残破的景象，有些人尚且炫耀武力。皇族贵胄虽然知道此身早晚要进入坟墓，葬在北邙，尸体多半成为狐鼠之食，但在活着时仍然贪婪财富。俗语说："猛兽容易制伏，人心最难降伏。沟壑容易填满，人心最难满足。"这话说的一点都不假啊！

心地上无风涛，随在皆青山绿树；性天中有化育①，触处都鱼跃鸢飞。

[注释]

①性天中有化育：心里怀有使万物萌发生长的意向。性天，即天性，其实指心。化育，万物自然萌发和生长。

[译文]

心灵深处如果平静如水，无风无浪，那么，随处在哪儿都有青山绿树的生长；天性中如果有使万物萌发生长的意向，那么，到处都会有鱼跃鸢飞的景象。

狐眠败砌，兔走荒台，尽是当年歌舞之地；露冷黄花，烟迷衰草①，悉属旧时争战之场。盛衰何常，强弱安在？念此令人心灰。

[注释]

①"露冷黄花,烟迷衰草"二句与"狐眠败砌,兔走荒台"二句都是倒装句法。黄花,菊花。烟迷衰草,即"衰草烟迷"。烟迷,迷茫凄凉的样子。

[译文]

狐狸睡在衰败的台阶边,野兔出没在荒凉的阁台中,这些都是当年欢歌曼舞的尽乐之地;菊花被秋露冷打,衰草也显出迷茫凄凉的样子,今日破败凄凉之地,都是昔日打斗的战场。真是兴衰有什么常规可循?强弱胜败如今不同样因历史的长河冲刷而沉没吗?他们如今都在哪里呢?每念及此,真真令人心灰意冷,不寒而栗。

宠辱不惊①,闲看庭前花开花落;去留无意,漫随天外云卷云舒。

[注释]

①宠辱不惊:典见《老子》十三章:"宠为〔上,辱为〕下,得之若惊,失之若惊,是谓宠辱若惊。"任继愈先生译为:"虚荣本来就不光荣,得到它,为之惊喜,失掉它,为之惊惧,这就叫作爱虚荣以至于惊恐。"后来称不计较宠辱的叫宠辱不惊。

[译文]

不以得喜,不以失惊,悠闲地欣赏庭院中的花开花落;不以去为失,不以留为得,得与失都不介意,有意无意中观看天空中的云卷云舒。

晴空朗月,何天不可翱翔,而飞蛾独投夜烛;清泉绿竹,何物不可饮啄,而鸱鸮偏嗜腐鼠①。噫!世世不为飞蛾、鸱鸮几何人哉!

[注释]

①鸱鸮偏嗜腐鼠:典出《庄子·秋水》:"南方有鸟,其名鹓鶵,子知之乎?夫鹓鶵,发于南海而飞于北海,非梧桐不上,非练实不食,非醴泉不饮。

于是鸱得腐鼠,鹓鶵过之,仰而视之曰:'吓!'"鹓鶵(yuān chú),古书上说的凤凰一类的鸟。鸱鸮(chī xiāo),也是鸟名,种类很多,如鸺鹠、猫头鹰等,比喻邪恶之人。这一句比喻浅见平庸之辈只会珍视腐烂贱劣之物。

[译文]

晴空万里,月朗星稀,还有什么比天空更广阔的不能供你翱翔吗?而飞蛾专门往夜间的火苗上撞,自找死路(犹如俗语光明大道它不走,独木桥上栽跟头);清泉叮咚,绿竹阴阴,这么好的环境,里面还有什么东西不可供你饮啄呢?而鸱鸮却偏偏爱吃腐臭的老鼠。唉!世上不像飞蛾、鸱鸮的人又能有几个呢?

权贵龙骧①,英雄虎战②:以冷眼视之,如蝇聚膻,如蚁竞血;是非蜂起,得失猬兴③,以冷情当之,如冶化金,如汤消雪。

[注释]

①龙骧:龙腾跃或昂举,比喻人昂首阔步,气势威武。骧,上仰,上举。②虎战:若与上句对仗,意思相承的话,此处似应作"虎步"。③猬兴:好像刺猬的毛根根直立。

[译文]

权贵昂首阔步气势威武,英雄威武雄壮不可一世。若用冷眼观察,他们也不过像蝇子经常聚集在膻腥的东西上,像蚂蚁竞血一样,让人是那样地令人厌恶。是非成败犹如群蜂飞舞一般纷乱,利害得失犹如刺猬针毛一样密集,变幻无常。这种情况如果冷静地给予思考,犹如熔炉化金属般自然熔化,又如热汤浇雪中,立刻化为乌有,又是让人那样地索然。古今多少事,都付笑谈中。

真空不空①,执相非真②,破相亦非真③,问世尊④如何发付?在世出世,徇欲⑤是苦,绝欲亦是苦,听吾侪善自修持。

[注释]

①真空不空：佛教用语。真空，意思是世界万物虚幻不实。佛教认为超出一切色相意识的真实境界。众生由迷真空而受幻色，菩萨因修般若慧观，照了幻色，即是真空。不空，佛教认为真空境界本身又是绝对真实的一种境界，所以又可叫不空。②执相非真：执着地把相看作真实的存在，其实又是不真实的。执，执着，也就是执着地看待一切事物。相，佛教把可以分别认识的一切现象称作相。非真，即一切相又都是虚幻不实的。③破相亦非真：把实相看作虚幻不实。这种观点也幻不真实。相，即"实相"之略称，与"真如"同义，其意为宇宙万有之本体，它是真实的，永远不变的。④世尊：梵文 Bhagavaat 和 Lokanātha 的意译，音译为"薄伽梵"或"婆伽婆"。原为婆罗门教对于长者的尊称，后为佛教沿用，佛教用以尊称佛祖释迦牟尼。⑤徇欲：随欲念行事。

[译文]

把世界万物看作虚幻真空本身便不真空，也正如执着地把相看作真实存在，其实又不真实，把实相看作虚幻不实，同样也是不真实，请问世尊如何处置？身处尘世又想出世，因为怕尘世之苦，其实人随欲念行事是苦，绝情寡欲也是苦，怎么都是苦，只好听任我辈善自修持了。

烈士让千乘①，贪夫争一文，人品星渊也，而好名不殊好利；天子营家国，乞人号饔飧②，该分霄壤也，而焦思何异焦声③？

[注释]

①烈士让千乘：重义坚贞之士为好名可以将千乘之国拱手相让。烈士，重义坚贞之士。千乘，拥有千辆战车的国家，比喻大国。②号饔飧（yōng sūn）：因寻不到食物而大哭。号，号啕大哭。饔飧，本指早饭和晚饭，这里泛指食物。③焦思何异焦声：天子之思与乞丐之苦号又有什么两样？焦，苦。

[译文]

坚贞不屈的刚强之士因好名可以将千乘之国拱手让人，贪鄙俗陋之人为争一文而以命相搏,看似二者人品相差之大如天上的星与地下的渊,实乃烈士之好名与贪夫之好利不正相同吗?天子苦心经营国家,乞丐因无食物而号哭,乍看二者之地位相悬之殊,犹如云霄与土壤,究其本质天子煞费苦心地治理国家与乞丐千方百计地乞讨食物又有什么两样呢?

性天澄彻①,即饥餐渴饮,无非康济身心②;心地沉迷,纵谈禅演偈③,总是播弄精魄。

[注释]

①性天:谓人得之于自然的本性。澄彻:通明。②康济身心:调护身心健康。③谈禅演偈:谈论禅理,演说佛法。

[译文]

天性通明的人,即便饥餐渴饮,无不是为调护身心健康;心地沉迷的人,纵然谈论禅理,演说佛法,也总是为播弄精魄,卖弄才华而已。

人心有真境,非丝非竹①,而自恬愉;不烟不茗②,而自清芬。须念净境虚空,虑忘形释③,才得以游衍④其中。

[注释]

①丝竹:泛称音乐。丝,弦乐器。竹,竹管乐器。②不烟不茗:不煎水,不品茶。烟,炊烟。茗,茶。③虑忘形释:忘去思虑,舒散形体。④游衍:恣意游乐。

[译文]

人心中如果有真境,没有音乐,仍然欢快愉悦;不煎水,不品茶,而自然有清香芬芳之气袭来。只有真正万事虚空,才能真正忘去思虑,舒散形体,才能够恣意游乐在人间尘世之中。

天地中万物①,人伦②中万情,世界中万事:以俗眼观,纷纷各异；以道眼观，种种是常，何须分别，何须取舍？

[注释]

①天地中万物：典见《周易·序卦》："有天地，然后有万物，有万物，然后有男女。有男女，然后有夫妇。有夫妇，然后有父子。有父子，然后有君臣。有君臣，然后有上下。有上下，然后礼仪有所错。"简练地叙述了儒家的宇宙起源与封建秩序，此处说"天地中万物"意即天地化育万物。②人伦：指五伦，即上面所讲的君臣、父子、兄弟、夫妇、朋友这五种关系。

[译文]

天地中的万物，五伦中的各种情感，世界中的万事：用世俗的眼光看，千奇百怪；用得道者的眼光去看，本质上又都是一样的，又何必去分别，何必去取舍呢？

缠脱①只在自心，心了则屠肆②糟糠，居然净土③。不然，纵一琴一鹤，一花一竹，嗜好虽清，魔障终在。语云："能休尘境为真境，未了僧家是俗家。"④

[注释]

①缠脱：束缚和解脱。②屠肆：宰牲的地方，即肉铺。③净土：佛教名词。大乘佛教中传说佛所居住的世界，认为那是庄严洁净、没有五浊（劫浊、见浊、烦恼浊、众生浊、命浊）的清净世界。④"能休尘境为真境"二句：见邵雍《十三日游上寺及黄涧》。

[译文]

无论束缚或解脱都只是自心之识，假如自心彻底了悟，就是身居杀生的肉铺和粗劣的糟糠堆中，也会像身处庄严洁净、没有五浊的极乐世界的。不然的话，纵然整日与一琴一鹤、一花一竹这样高雅清净的事物相处，爱好虽然貌似清、净，内心的魔障终究存在。因而有人说过这样的话："能够断止尘境的才算有了真境，没有了悟僧家根本仍是俗家。"

以我转①物者,得固不喜,失亦不忧,天地尽属逍遥;以物役我者,逆固生憎,顺亦生爱,一毫便生缠缚。

[注释]

①转:支配、运转。

[译文]

以我支配外物者,认为虚荣的东西得到它本来就不应该惊喜,失去它也不应该忧惧,天地万物则因无人役使而尽得逍遥;以外物役使我者,拂逆就会产生憎恶,顺利也会生出爱悦,这样,一毫一丝的物役之念便会生出许多缠绕束缚。

试思未生之前有何象貌,又思既死之后有何景色,则万念灰冷,一性寂然①,自可超物外而游象先②。

[注释]

①一性:全部性情。寂然:寂静的样子。②超物外而游象先:超脱于物质世界之外,遨游于上帝产生之前的那个境界。象先,典见《老子》第四章:"吾不知谁之子,象帝之先。"意思是,我不知道"道"是谁的儿子,它显像于上帝产生之先。

[译文]

请试想一下天地万物没有产生以前世界是个什么样子,再请试想一下天地万物灭亡之后又是一派什么景象。一旦想到这儿,就会感到万念俱灰,全部性情都会为之寂灭,到了这一境界自然可以超脱于物质世界之外,遨游于上帝产生之前的那个境界。

优人①傅粉调朱②,效妍丑于毫端③,俄而歌残场罢,妍丑何在?奕者争先竞后,较雌雄于著手,俄而局尽子收,雌雄安在?

[注释]

①优人:以乐舞、戏谑为业的艺人,后来泛指演戏的人。②傅粉调朱:指艺人在化妆时涂白抹红。③效妍丑于毫端:指艺人模仿剧中人物的美丑达到

细致入微、惟妙惟肖的地步。妍丑,好坏、美丑、善恶。毫端,细毛的末端。

[译文]

演戏的艺人抹红涂白,模仿人物的好坏美丑达到细致入微、惟妙惟肖的地步,一会儿戏完场终,剧中的美丑好坏在哪里呢?下棋的人争先恐后,在棋枰上较量胜负,一会儿到了结局收子时,胜负不也如过眼烟云,而棋枰上较量的胜负又在哪里呢?

把握未定①,宜绝迹尘嚣②,使此心不见可欲③而不乱,以澄吾静体;操持既坚,又当混迹风尘,使此心见可欲而亦不乱,以养吾圆机。

[注释]

①把握未定:意即修行未成,内心对人情物欲还不具有完全的控制力。②尘嚣:尘世的喧嚣。③不见可欲:典见《老子》第三章:"不见可欲,使民心不乱。"意即不看见足以能引起欲望的东西,使人民的思想不致被扰乱。

[译文]

一个人对各种人情物欲的控制还没有一定把握时,应该坚决避开尘世的喧嚣,使人的思想不接触足以能引起欲望的东西,思想因而不致被扰乱或诱惑,以此保持纯净的本性和澄澈寂静的形体;待到操守志节坚定之后,又应当重新回到扰攘的世俗中锻炼,使人的思想虽然见到足以能引起欲望的东西而仍然不被扰乱,以此修养自己圆机,强大、升华内心世界。

喜寂厌喧者,往往避人以求静,不知意在无人,便成我相;心著于静,静是动根①,如何到得人我一空、动静两忘的境界?

[注释]

①心著于静,静是动根:见三国魏王弼在其《老子注》中说:"凡有起于虚,动起于静。"意即动来源于静,故说静是动的根源。

[译文]

喜欢寂静讨厌喧嚣的人，往往用躲避人际来往的方法来求得安静，却不知道用意虽在于无人往来求安静，但这种刻意去求宁静的做法正成为骚动的根源；心标举追求静，便已是动的根，这样一直在意相、动静的矛盾中斗争，又如何能达到一种人物一空、动静两忘的境界呢？

人生祸区福境，皆念想造成。故释氏云：利欲炽然，即是火坑；贪爱沉溺，便为苦海；一念①清静，烈焰成池；一念惊觉，航登彼岸②。念头稍异，境界顿殊。可不慎哉！

[注释]

①一念：一动念，指极短暂的时间。《翻译名义集·时分篇》："一念中有九十刹那。"②彼岸：佛教用语。佛教以生死之境界，譬喻为此岸；涅槃之境界，譬之彼岸。

[译文]

人生的祸福与境遇，都是由于一念一想所造成的。所以释迦牟尼说：利欲燃烧到白热化的程度，也就变成了火坑；沉溺于贪爱之中，便会酿成欲念的苦海；一念清静，利欲的烈焰火坑便会变成祥瑞安宁的莲花池；一念惊觉，思想的航船便会驶向理想的彼岸。念头稍有差异，境界立马悬殊。人一定要谨慎啊！

绳锯木断①，水滴石穿，学道者须要努力；水到渠成，瓜熟蒂落，得道者一任天机②。

[注释]

①绳锯木断：用绳子把木料锯断。②一任天机：完全听凭天赋的悟性。

[译文]

学道者只要坚持不懈地努力，就能达到目的，犹如绳锯木断、水滴石穿一样；得道者须听任自然获得正果，就像水到自然渠成、瓜熟自然蒂落那样。

就一身了一身①者，方能以万物付万物；还天下于天下者，方能出世间于世间。

[注释]

①就一身了一身：就是了身还命的意思。佛家所谓彻底了悟，脱俗出世。了，了悟。

[译文]

只有跳出自我来了解自我，且整个身心都彻底了悟的人，才能根据自然法则，把天地万物还付给自然而不据为私有；只有能把天下还给天下万民的人，才能做到躯体虽处于尘世但能超俗脱尘。

人生原是傀儡，只要把柄在手，一线不乱，卷舒自由，行止在我，一毫不受他人提掇①，便超此场中②矣。

[注释]

①提掇：本为提携之意，这里指操纵木偶的人操纵时牵上引下。②场中：场，表面上指剧场，实际上指人生像一台戏，生活便像个大剧场，因而场中实指人世社会。

[译文]

人生就好像是一场傀儡戏，人则如木偶，只要牵引木偶的引线在自己手中，而且一线不乱，伸展卷舒自由，行止松紧的主权都在我这儿，一点也不受人摆弄牵引，那才算真正超脱了人生舞台的束缚，而掌握了自己的命运。

为鼠常留饭，怜蛾纱罩灯。古人此点念头，是吾人一点生生之机①，无此即所谓土木形骸②而已。

[注释]

①生生之机：使万物生长的意念动机。②土木形骸：比喻人的形体犹如

泥塑木雕一样，毫无生气。

[译文]

为了怕老鼠饿死而常为它留下一些残汤剩饭，可怜飞蛾扑灯柱伤性命而给灯盖上纱罩，古人有这么一点慈悲心肠，正是我们人类天性中的使万物生长存活的意念。假如没有这点好生之德，那就和所谓的土木形骸一类毫无人性的东西没有什么区别了。

世态有炎凉，而我无嗔喜；世味有浓淡，而我无欣厌。一毫不落世情窠臼①，便是一在世出世法也。

[注释]

①不落世情窠臼：意即性情特异，不落俗套。落窠臼，多批评诗文创作蹈袭故常，不能自出心裁。

[译文]

世态人情虽有炎凉之别，而我却无时嗔时喜之差；人世滋味虽有浓淡之殊，而我却无浓则欣、淡则厌之异。能做到这一步，便算得上是性情特异，不落俗套了。这也就是既在世而又能出世的良法呀！

附 录

重刻《菜根谭》原序

戊子之秋，七月既望，余以抱病在山，禁足阅藏。适岫云监院琮公由京来顾，出所刻《菜根谭》书，命予为序，且自言其略曰：

"来琳初受近圆，即诣西方讲席，听教于不翁老人。恭请之暇，老人私诫曰：'大德聪明过人，应久在律席，调伏身心，遵五夏之制，熟三聚之文，为菩提之本，作定慧之基，何急急以听教为哉！'居未几，不善用心，失血莫医。自知法缘微薄，辞翁欲还岫云。翁曰：'善，察尔因缘在彼，当大有振作；但恐心为事役，不暇研究律部。吾有一书，首题《菜根谭》，系洪应明著。其间有持身语，有涉世语，有隐逸语，有显达语，有迁善语，有介节语，有仁语，有义语，有禅语，有趣语，有学道语，有见道语，词约意明，文简理诣。设能熟习沉玩而励行之，其于语默动静之间，穷通得失之际，可以补过，可以进德，且近于律，亦近于道矣。今授于尔，应知珍重。'

"时虽敬诺拜受，究竟不喻其为药石意也。厥后历理常住事务，俱悉要职，当空华之在前，不识元由眼里之翳，认水月以为真，岂知惟是天垂之影。由是心被境迁，神为力耗，不觉酿成大病，幸未及于尽耳。既微瘥间，无以解郁，因追忆往事，三复此书。乃悟从前事事皆非，深有负于老人授书时之意焉。惜是书行世已久，纸朽虫蠹，原板无从稽得；于是命工缮写，重为刊刻。请弁言于首，启迪天下后世，俾见闻读诵者，身体力行；勿使如来琳老方知悔，徒自惭伤，是所望也！"

余闻琮公之说，抚卷叹曰："夫洪应明者，不知为何许人。其首命名题，又不知何所取义，将安序哉！"窃拟之曰："菜之为物，日用所不可少，以其有味也。但味由根发，故凡种菜者，必要厚培其根，其味乃厚。是此书所说世味及出世味，皆为培根之论，可弗重欤！"又古人云："性定菜根香。"夫菜根，弃物也。如此书人多忽之。而菜根之香，非性定者莫喻。如此书，唯静心沉玩者，乃能得旨。是与否与，既不能反质于原人，聊将以俟教于来哲。即此为序。

时乾隆三十三年中元节后三日

三山病夫通理谨识

序

嗟夫！今日世界唯一之流行病，则争权夺利而已。推原病之所由起，公德之败坏由于私德之废弛，人心之嚣张由于道心之汩没，坐使权利之病深入膏肓而不自知。始而病己，继且病人，终病国矣。予医生也，供职于汀州亚盛顿医院。蒿目世变，每叹治有形之病易，治无形之病难，恨未能起权利之徒——而针砭之。举国若狂，隐忧何极！迩者华生俞君归自粤，示以《菜根谭》一书，展而读之，所谓《修省》《应酬》《评议》《闲适》诸篇立言平淡，说理精深，皆权利之徒之药石也。携归，与及门诸子恶心而研究之，而同人见道，快睹争先，苦难应付。拟再付梓，又以贫病相连，苦难筹资。继而思之，予病何足恤？倘收养病之费借为播道之助，重付手民刊印三百部，分赠各藏书楼、图书馆，俾读斯篇者各祛其醉心权利之病至于病己、病人而病国，则此书裨益于世局者大，为予区区个人之病不病奚容心哉！是为序。

傅连暲撰

1922 年 8 月 15 日于汀州

后记

前不久接到中州古籍出版社编辑的电话,说三十多年前我注释翻译的明代洪应明《菜根谭》虽一再重印,但多年没有修订,新版前能否修订一下。这一提议正合我意。

《菜根谭》出版三十多年来,我对此书的认识经历了几个阶段。

此书注译工作完成于1990年,初版于1991年。正值哲学社会科学领域百花齐放、百家争鸣,各种新思潮、新理论、新方法潮涌如过江之鲫,既有探索、借鉴,更有盲目崇拜——认为中国什么都不行,中国传统文化太守旧、太保守、太固化。正是在这种背景下,我把当时在日本影响很大、在中国却默默无闻的《菜根谭》加以注译介绍给读者,并在《前言》中表明观点:对中国传统文化应作创造性转化、创新性发展。道理很简单:任何一个民族以往的历史、经验、文化,都不曾为今天某种陌生的或新生的文明从容地做好心理或物质上的准备。我们必须在"忧患意识""危机意识"内动力驱使下,创造性地转换中华民族独特的生存智慧和文化"路向",主动迎接新世纪挑战,真正体面而自信地自立于世界民族之林!

到了2003年本书重印时,时任编辑王小方先生让我再说几句话。当时中国改革开放进行了二十多年,取得了令世人瞩目的成就。我在《前言》基础上,加了一段"题记":《老子》讲的是人与自然和谐共处的哲学；《论语》论的是执政兴国、纲常伦理的政治；《颜氏家训》道的是齐家治室、教子家训的龟鉴；《菜根谭》则说的是个人修身养性、处世待物的人生智慧。四个层次的哲学、四个方面的智慧，各有其用，互为补充，运用之妙，存乎一心。把这四部书归在一起进行比对，层次、界面各又不同，若能合而观之，则分别涵盖了人与自然、人与社会、人与人、人与内心的各个层面。《菜根谭》侧重讲的是人与人、人与内心的修为。说的是修身养性，教的是处世哲学，作为个人各取所需，无可厚非；作为国家民族，愚以为还应多点国家民族的生存大智慧，少点个人处事的小技巧；对待传统文化要创造性转化、创新性发展。切忌经济一落后，文化也没有了自信；经济一发展，立马就盲目自信、简单乐观。

  2022年，编辑约我修订本书。现在中国改革开放进行了四十多年，正在迈向全面建设社会主义现代化国家新征程，中国文化在世界文化多元化背景下如何定位，是摆在中国人（更是文化人）面前的时代课题。

  如何答好这张时代命题和全球试卷？愚以为有几个基本点应明确：全球文化多元化不能没有中国文化，文化自信是基础，赢得他信是目标，传播好中国声音、讲述好中国故事是手段。文化自信的前提是文化自知，既要全面系统地对中国传统文化梳理、研究、甄别；又要对传统文化慢慢地走近，渐渐地浸润，合理地扬弃，科学地转化。文化自知是生活在既定文化中的人清楚其形成、发展、优劣及走向。文化自知是自知之明、自觉之悟、自省之力、自主之能的基石。自知要真知，自信要真信。从文化自知、自信到文化他知、他信仍是一条漫长而艰辛的路，不可能一蹴而就，不可能一说就信，真正要把、能把中国传统的优秀文化传播给全世界，使其具有更大辐射力和更强影响力；构建人类命运共同体，就必须在全人类多元文化格局中，认知"同一与差异"，倡导和而不同、和谐共处，一花独放不是春，百花齐放春满园。

  纵观古今中外的历史，某一民族的文化从来都不是孤立的存在，必然与其政治、经济、军事、科技、教育、制度等相辅相成、共荣共生。费孝通先生主张在世界不同文化大格局中，在对话、沟通、宽容、互补中，共同建立一个有共同认可的基本秩序和一套各种文化能和平共处、各抒所长、联手发展的共处守则："各美其美，美人之美，美美与共，天下大同。"这种美好愿景的实现，要靠全球不同文化、不同民族、不同地区的共同努力。作为五千多年文明绵延不绝的中华民族，必将做出自己的努力与贡献。

  中州古籍出版社是一家以出版古籍整理、文史学术和地方文献为主的专业出版社，"国学经典"丛书长销不衰，对于传统文化的整理、研究、传播与弘扬功莫大焉。《菜根谭》作为丛书中的一种厕身其间，与有荣焉、幸甚至哉。

  介绍三十多年来我对《菜根谭》乃至中国传统文化的认识思考、探索历程，既有学术研究旅途中渐行渐近、逐渐明晰的自我宽慰，又有李白"却顾所来径，苍苍横翠微"式的诗意玩味，当然也有虽未臻至境、亦敝帚自珍的情怀。

毛德富

2022年9月1日